2011—2020 年国家古籍整理出版规划项目

『十三五』国家重点出版物出版规划项目

中国兰花古籍注译丛书

兰谱奥法
兰言
艺兰记

莫磊 译注校订

中国林业出版社

图书在版编目（CIP）数据

兰谱奥法；兰言；艺兰记/莫磊译注校订. —北京：
中国林业出版社，2020.12
（中国兰花古籍注译丛书）

ISBN 978-7-5219-0967-8

Ⅰ.①兰… Ⅱ.①莫… Ⅲ.①兰科－花卉－观赏园艺
Ⅳ.①S682.31

中国版本图书馆CIP数据核字（2020）第262982号

兰谱奥法　兰言　艺兰记
Lánpǔàofǎ　Lányán　Yìlánjì

责任编辑：何增明　邹　爱

插　　图：石　三

出版发行：中国林业出版社（100009 北京西城区刘海胡同 7 号）

电　　话：010-83143517

印　　刷：河北京平诚乾印刷有限公司

版　　次：2021 年 6 月第 1 版

印　　次：2021 年 6 月第 1 次印刷

开　　本：710mm×1000mm　1/16

印　　张：7

字　　数：110 千字

定　　价：56.00 元

兰谱奥法　兰言　艺兰记

　　明朝人张羽的《兰花》诗中有"寸心原不大，容得许多香"的诗句。我想这个许多的"香"，应不只是指香味香气的"香"，还应是包括兰花的历史文化之"香"，即史香、文化香。人性的弱点之一是有时有所爱就有所偏，一旦偏爱了，就会说出不符合实际的话来。友人从京来，说是京中每有爱梅花者，常说梅花在主产我国的诸多花卉中，其历史文化是最丰厚的；友人从洛阳来，又说洛中每有爱牡丹者，常说牡丹在主产我国的诸多花卉中，其历史文化是最丰富的。他们爱梅花、爱牡丹，爱之所至，关注至深，乃有如上的结论。我不知道他们是否考察过主产于我国的国兰的历史文化。其实，只要略为考察一下就可知道，在主产于我国的诸多花卉中，历史文化最为厚重的应该是兰花。拿这几种花在中华人民共和国成立前后所出的专著来说，据1990年上海文化出版社出版的由花卉界泰斗陈俊愉、程绪珂先生主编的《中国花经》所载，我们可看到，历代有关牡丹的专著有宋人仲休的《越中牡丹花品》等9册，有关梅花的专著有宋人张镃的《梅品》等7册，而兰花的专著则有宋人赵时庚的《金漳兰谱》等多达17册。至于中华人民共和国成立后这几种花的专著的数量，更是有目共睹，牡丹、梅花的专著虽然不少，但怎及兰花的书多达数百种，令人目不暇接！更不用说关于兰花的杂志和文章了。历史上有关兰花的诗词、书画、工艺品，在我国数量之多、品种之多、覆盖面之广，也是其他主产我国的诸多花卉所不能企及的。

我国兰花的历史文化来头也大，其源盖来自联合国评定的历史文化名人、大思想家、教育家孔子和我国最早的伟大浪漫主义爱国诗人屈原。试问，有哪种花的历史文化有如此显赫的来头。其源者盛大，其流也必浩荡。笔者是爱兰的，但笔者不至于爱屋及乌，经过多方面的考察，实事求是地说，在主产我国的诸种花卉中，应是以国兰的历史文化最为厚重。

如此厚重、光辉灿烂、丰富多彩的兰花历史文化，在我们这一代里能否得到发扬光大，就要看当代我国兰界的诸君了。

弘扬我国兰花的历史文化，其中主要的一项工作是对兰花古籍的整理和研究。近年来已有人潜心于此，做出了一些成绩，这是可喜的。今春，笔者接到浙江莫磊先生的来电，告诉我中国林业出版社拟以单行本形式再版如《第一香笔记》《艺兰四说》《兰蕙镜》等多部兰花古籍，配上插图；并在即日，他们已组织班子着手工作，这消息让人听了又一次大喜过望。回忆十几年前的兰花热潮，那时的兰界，正是热热闹闹、沸沸扬扬、追追逐逐的时候，莫磊先生却毅然静坐下来，开始了他的兰花古籍整理研究出版工作。若干年里，在他孜孜不倦的努力下，这些书籍先后都一一得以出版，与广大读者见面，受到大家的喜爱。

十余年后的现今，兰市已冷却了昔日的滚滚热浪，不少兰人也不再有以往对兰花的钟爱之情，有的已疏于管理，有的已老早易手，但莫磊先生却能在这样的时刻与郑黎明、王忠、金振创、王智勇等几位先生一起克服困难，不计报酬，仍能坚持祖国兰花文化的研究工作，他们尊重原作，反复细心考证，纠正了原作初版里存在的一些错误，还补充了许多有关考证和注释方面的内容，并加上许多插图，有了更多的直观性与可读性，无疑使这几百年的宝典，焕发出新意，并在出版社领导的重视下，以全新的面貌与广大读者见面，为推动我国的兰花事业继续不断地繁荣昌盛，必起莫大的推动作用。有感于此，是为之序。

刘清涌

时在乙未之秋于穗市洛溪裕景之东兰石书屋

2020年春日，由于疫情的严峻，天天都待在家里，步门不出，一时感到无所事事。油然想起了前几年丢下的那些曾做过部分译注工作的兰花古籍，由此便又拿出来动手做起。这册兰花古籍选取的是《兰谱奥法》《兰言》和《艺兰记》三书，它们虽然文字不多，篇幅简短，但内容写得非常充实，重点概括突出，没有废话，三书所处时代不尽一致，其中《兰谱奥法》最早，作者署名为宋人赵时庚。审校者是明人周履清。自古以来对这位宋人赵时庚是否是该书的真正作者，一直都是无据可考，但明人周履清简历可考，所以此书面世的时间即使不是宋朝起码也是在明朝。无独有偶，史上还同时存在一本《兰谱奥诀》的兰书，也是未署作者姓氏，细细对照内容，除少数字句有点不同之外，文意与结构几乎一样。但本书仍依据"奥法"作为蓝本进行我们的译注工作。

第二本书是《兰言》。作者冒襄是明清时期有名的文学家，他的这本著作里没有具体介绍品种及栽培方法，写的是我国古今的兰文化和那些人、那些事，写得杂而不乱，多而不烦，生动真实，丰富多彩。历史上写类似《兰言》的人较多，但只有冒襄的《兰言》在中国文化的范畴里有极高的地位，被选进《四库全书》。

第三本书是《艺兰记》。为晚清时期江苏的一位老学究刘文淇先生所写，他应兰友的要求，根据自己一生的艺兰实践经验而写就此书。书中以写建兰的栽培为重点，也介绍了兴起中的江浙兰蕙和舌等瓣型时尚。按照时间迟早顺序排列，此书面世较前两书为晚。

本册三书内容非常适合初涉兰海的朋友阅读和学做，它们书中所述都是兰花知识的精髓，当然也能启发久莳兰蕙而反觉无语可说的人总结自己的经验教训，由此使自己受到某些启发，在莳兰的知识和技能方面觉察到新的视野，继续升华达到一个新的高度。纵观三书内容，短中取长，《兰言》尚有一些大略的品种介绍，虽然有一些并不属于真正的兰科植物，但当地人、当时人曾认为它们也是兰花。书中绘制这些品种插图的目的是为了让读者直观地较真实地了解它们。为了能使书做得活泼一点，又在本书的《兰谱奥法》里安排七幅兰花图，以起到楣画的作用，并能让读者了解到春兰、蕙兰、建兰、墨兰、寒兰、莲瓣兰、春剑等兰花种类的大概念。

本书仍继续邀请浙江衢州学院图书馆馆长周纪焕教授担任审校工作，在此谨向周教授深致谢意。

限于译注者水平，书中尚存在的缺点、错误，谨望读者能不吝指正。

译注者
谨启于庚子秋月

目录

兰谱奥[1]法

宋·赵时庚[2]　著

明·周履靖[3]　校正

莫磊　译注

本书据《夷门广牍本》影印的初编稿编注

一、分种法

分种兰蕙，须至九月节气[4]，方可[5]分栽。十月[6]时候，花已胎朵[7]，不可分种。若雪霜大寒，犹[8]不可分栽。否[9]必损。

注释

[1] 奥　奥：深奥、复杂。陆机《塘上行》："霭润既已渥，结根奥且坚。"

[2] 赵时庚　号澹斋。宋代福建人，自称爱兰成癖，著有《金漳兰谱》专集三卷。但本书作者古来就被否为写《金漳兰谱》的宋人赵时庚，而是别人的伪托，真正的作者是谁？至今无据可考。

[3] 周履靖　（1549—1640），字逸之，号梅墟，又号梅颠道人，梅坞居士，浙江嘉兴城南槜李村人，工书画诗文，戏曲创作有《锦笺记》一剧。一生专于著述，淡泊自如。

[4] 九月节气　九月：文中所指即农历称谓，阳历应为十月间，此时中秋节已过，重阳节正临，是兰翻盆的好时候。节气：古时的气象学，根据昼夜的长短、中午日影的高低等，在一年里定出若干个点，每个点称一个节或气，农历传统二十四节气，至今仍被广泛应用。

[5] 方可　才可以。

[6] 十月　意所指为农历，阳历即为十一月间。

[7] 胎朵　即来年要开的花朵，年内已经在花苞内形成。

[8] 犹　通尤，尤其。

[9] 否　否则，要不然。

兰蕙要翻盆分株，必须到农历九月（阳历十月上中旬）秋时最为合适。如果推迟到农历十月（阳历十一月）再去翻盆分株，时已感迟，因此时来年新花已经孕育成蕾（胎朵），不可再行分植。如果推迟到霜雪大寒时节，尤其不能再分。如果还硬分，兰株必定会遭到损害。

大一品

兰谱奥法 兰言 艺兰记

二、栽花法

　　花盆先以粗碗或粗碟覆之于盆底，次用肤炭[1]铺一层，了然[2]后，详[3]用肥泥薄铺炭上，便[4]栽兰根在上，始[5]匀匀糁泥[6]满盆，面上留一寸地[7]。栽时不可以手将泥担实[8]，则根不能长。根不舒畅，叶则不长，花不香。结[9]干湿依然[10]时候，用水浇灌。

注释

[1] 肤炭　应称"浮炭"，炭窑中用硬木烧成的炭，称为"白炭"，互相敲击有当当之声，入水即沉，吸水性不好，垫盆不妥。民间用松、杉等木作燃料后留下的小粒炭块，入水轻而上浮，称"浮炭"，用作填盆材料最佳。

[2] 了然　明白，明了。

[3] 详　仔细。

[4] 便　随即、就。

[5] 始　开始。

[6] 糁泥　糁（sǎn）：散落。意谓把泥粒慢慢地撒填在植株根上。

[7] 留一寸地　留：留空；一寸：以市寸计即为约3厘米；地：即距离。即兰花泥面至盆口要留出3厘米左右的空间，不可过高过低，俗称"水口"，以便于浇水之需。

[8] 担实　压实。文中意指兰株上盆，双手撖压泥土，不可用力过重，仍

要保持其疏松，有利兰根能舒适服盆生长。

[9] 结　终了。

[10] 依然　依旧，老样子。意为兰株上盆后经数日，盆中湿泥因水分蒸发变干，泥色变浅，仍依旧如初时状态。

　　栽兰的方法是先用粗碗或粗碟作"水罩"，盖在盆底排水孔上，接着用"浮炭"粒铺上一层（厚约3～4厘米左右），作"排水层"。此事后，再在炭上薄铺一层肥土（厚约3厘米），接着便可以放上兰株，理顺各条兰根，使之舒展。然后均匀地撒上培养土，使土面距离盆口约3厘米许为止。切勿用手过分地撳实盆泥，以保持盆泥的疏松，使盆土有好的透气性，兰根可得到舒适生长。如果兰根生长不舒适，就会影响兰株的生发，也会使开出的花香气变淡。最后要注意盆土干燥时，颜色会变浅成原先那样，就像在告诉你需要浇水了。

白玉素（莲瓣兰）

三、安顿[1]浇灌法

春二三月无霜雪天，放花盆在露天，四时面[2]皆[3]得雨浇，日晒不妨[4]。逢[5]十分大雨，恐坠其叶，则以小绳束起[6]叶。如连雨三五日，须移避雨通风处。

四月至八月，须用细根竹帘遮护，略见日气[7]，再要[8]通风。"梅天"忽逢阵雨，须移盆放背日处[9]。若逢大雨过又逢日晒，盆内热水则烫，害叶损根。

遇花开时，若枝上花蕊头多，候[10]开次[11]有未开一两蕊头，便可剪去。若留开尽，则夺[12]了花信[13]。

九月开花，干处用水浇灌，若湿则不可浇。或用肥水培灌，一两番[14]不妨。十月、十一月、十二月、正月，不浇不妨。最怕霜雪，须用密篮[15]遮护，安顿[16]朝阳有日照处，在南窗檐下，但是向阳处。三两日一番旋转花盆，四向[17]俱要轮转，日晒均匀，开花时则四畔[18]皆有花，若晒一面，只一处有花。

注释

[1] 安顿 安置、安放。

[2] 四时面　即兰盆的前后左右几个方面，即四周。

[3] 皆　全部。

[4] 不妨　没有什么妨碍。

[5] 逢　遇到。

[6] 束起　轻轻捆扎一起。

[7] 日气　指太阳的光照。

[8] 再要　表示除了上述要求之外，还有另外要求。

[9] 背日处　即为可遮挡阳光的地方。

[10] 候　守望，等到。

[11] 开次　花开先后的次序。

[12] 夺　剥夺，使失去。

[13] 花信　花要开放的征兆。

[14] 番　次。

[15] 密篮　又称"熏笼"，用竹篾编成，其形如长篮的丈余长方箩筐。古时养兰人为防兰受冻，将兰盆放入熏笼中，再在熏笼外四围紧盖棉被等物保暖。冰雪天时，还要把盆兰和密篮搬入屋内，除了盖被，周围还需生起炉子，以提高室温。

[16] 安顿　安放、安置妥当。

[17] 四向　即东西南北各个面。

[18] 四畔　整个盆子周围。

农历春二三月，气温日趋暖和，如果没有霜雪时，可以把兰盆放置在露天里，遇小雨天气，整盆兰株都能得到春雨的滋润，此时，若遇雨后接受阳光，也可无碍。但如遇大雨之时，为了预防兰叶受压挂落，可用细绳或带子，把整丛兰叶捆系一起。如果三五天连续下雨，就必须移兰盆到屋檐下通风的窗下避雨。

农历四月至八月间，阳光日渐强烈，兰盆上必须搭架，用细根的竹帘遮护，帘缝要疏密得当，让兰花仍能得到强度适当减弱的阳光，而且还需要通风。农历四五月间是江南"梅雨"季节，此时天气常忽晴忽雨，兰盆要放置在能背日、蔽阴的环境里。如果兰花刚被大雨淋过，忽然又受日晒，盆泥被阳光晒得发热，使兰根犹如泡在热汤里，必定会致兰伤根、损株。

兰在花期里，如感到花苞过多，等欣赏数天以后，就应当把尚未绽放的那些"了脚花苞"通通剪去，如果一味地等到那些"了脚花苞"开尽，势必会过多地损耗兰株体内的营养，将直接影响到新株的健康生发，致使来年不再能见花。

农历九月初时，秋兰尚盛花，如见盆土已干，就要及时浇水；如见土尚湿，就不可再浇水。这期间不妨可穿插浇肥水1~2次。到了冬季十月、十一月、十二月直至来年的正月，在这段时间里，兰即使不浇水也无妨（此时兰花生长缓慢，盆土不干可以不浇，但若已见干燥，仍需稍浇水——译注者。）兰最怕霜雪，此时需用缝隙紧密的大篮子"熏笼"来藏护好兰，把兰安放在能接受到阳光的南窗檐下，注意每过三两日要转动一下花盆，力求盆兰都能面面均匀受到光照，这样，兰在放花时前后左右都可见到阳光。如果阳光只照一面，那此后就只能一面见到有花了！

桃紅（建兰）

四、浇花法

用河水、或陂塘[1]水、或积留雨水[2]最好。其次用溪涧水[3]，切不可用井水。冻了[4]花浇水，须于四畔浇匀，不可从上浇下，恐[5]坏其叶。

农历四月，若有"梅雨"，不必浇；若无雨，则浇。五月至八月，须是早起五更日未出时浇一番，至晚黄昏浇一番。又要看花干湿，若湿，不必浇；如十分湿，恐烂坏根。

注释

[1] 陂塘　陂（bēi）：山坡，斜坡。杜甫《渼陂行》："半陂以南纯浸山，动影袅窕冲融间。"塘：池塘，古时以方者为塘，圆者为池。

[2] 积留雨水　下雨时用大缸积存下的雨水，江浙人俗称"天落水"。

[3] 溪涧水　溪：山间小水流；涧：山间的小水沟。

[4] 冻了　天气寒冷时。

[5] 恐　担心。

浇兰用水，最好是河水，或山坡上的池塘水以及庭中用大缸积储的"天落水"，其次是溪涧水，但千万不能用井水。冬季，兰移室内防冻，若给兰花浇水，要从盆的四周贴近泥面匀浇，不可将水对着兰株上下直淋，以防淋坏叶子。

农历四月间如有"梅雨"，露天莳养的盆兰就不必浇水，如果不下雨，盆土干了还是应该浇水。

农历五月至八月间，正是夏季，是一年里气温最高的时候，莳兰人必须五更时分就起身，在日出之前给兰花浇一番水，到了黄昏以后还要再浇上一番。当然这需要观察盆泥的干湿情况，如盆泥尚湿，则可不必再浇，如果盆泥过于湿，那就要担心烂根了（通风能免人担心——译注者）。

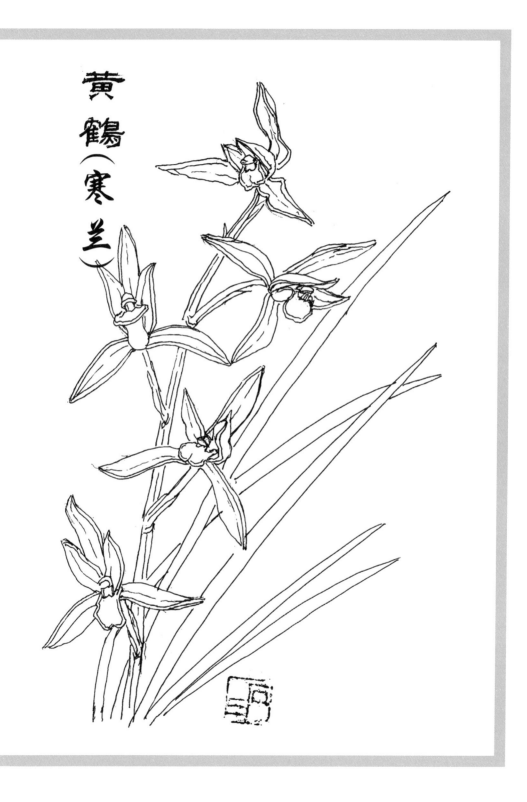

黄鶴（寒兰）

五、种花肥泥法

栽兰用泥，不管四时。山上有火烧处[1]，取水流下火烧浮泥[2]，寻蕨叶草[3]烧灰，和[4]火烧泥用。或拾旧草鞋，放在小粪[5]中浸日久，拌黄泥烧过。或灰泥，却用大粪浇过，放在一壁[6]，尽教雨打日晒三两个月，收起顿放[7]闲处[8]，栽花时却用[9]。

瑞香花[10]种时，用前须肥泥[11]，如栽兰花，法一般，安排盆内，种时只要泥松，不可实泥。如用泥栽花时，将泥打松，以十份为牵[12]，八份用肥泥，二份和沙泥拌匀。

[1] **火烧处** 寻找可以用火烧泥的空旷地方。
[2] **火烧浮泥** 寻找山上被水流冲积而成色黑质轻的腐叶土，混加干草后经火烧而成的泥，则称"火烧浮泥"，俗称焦泥灰。
[3] **蕨叶草** 学名*Pteridophyllum racemosum*，别名狼萁草、龙头菜。根状茎长而横走，具锈黄色茸毛，叶远生，草质，三回羽状复叶，常生长在海拔200米以上的荒坡和50米左右高的丘陵。采蕨草晒干，火烧而成的灰即称蕨草灰。

[4] 和（huó）　混合、拌和。

[5] 小粪　即人尿液。

[6] 一壁　屋墙的壁角处。

[7] 顿放　顿：处理、安置；放：堆放。

[8] 闲处　闲空的地方。

[9] 却用　再用。

[10] 瑞香花　学名*Daphne odora*，别名睡香、风流花，常绿灌木。小枝带紫色，叶互生，头状花序，密生成簇，白色或带红紫色，芳香，花期2～3月。古人喜把兰与瑞香种在一起，认为是一种吉祥。但也有人认为兰与瑞香不能相融，种了瑞香，会不利兰的生长，只能两者取一。

[11] 用前须肥泥　用前：即栽植前；须：必须先准备好；肥泥：上述的火烧泥，即用蕨叶草灰等混合之泥，称"肥泥"。

[12] 牵　牵拘，意为规定的范围内。

采集栽培兰蕙的泥土，四时都可取可做，没有时间的区别。先要在山上选好能安全用来烧火的地方，接着取来山间被流水冲刷积聚成的上层薄土，把它们烧成焦泥，此土烧后即称"火烧土"。再寻狼萁草，把它们烧成灰，此灰即称"蕨草灰"。然后把两者拌合一起，即称"肥泥"可用来栽兰。

　　或者捡来被丢弃的破草鞋，浸入人尿中，经多日后取出，再拌上黄土，晒干烧成灰后便可备用。或将上述烧成的灰泥上再浇上人粪，然后把它堆放在墙角边，任其日晒雨淋两三个月之后，才收起来安放在缸里或其他空闲的地方，随时可以取用。

　　栽培瑞香花，也必须先准备好肥土，如果栽种兰花方法一样，待盆内苗木安置妥当以后，要选取疏松的泥土，大块泥需打碎再用，不可用硬实板结的泥土。以十份作为配比范围（标准），即八份肥土和两份沙土拌匀后就可以使用。

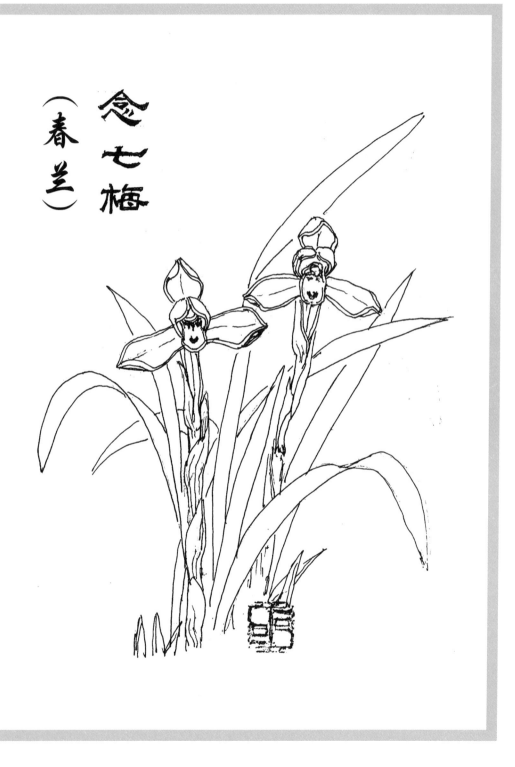

念七梅

（春兰）

六、去除蛾虱法

肥水浇花，必蛾虱[1]在叶底，坏叶则损花。如[2]生花此物[3]，研大蒜和水，以[4]白笔[5]蘸水沸洗[6]叶上干净，去除蛾虱。

![注释]

[1] 蛾虱　泛指寄生于兰草叶面、叶背、叶缝的介壳虫、蚜虫、红蜘蛛等昆虫。

[2] 如　如果。

[3] 生花此物　生花：不断地寄生繁殖；花即"化"，二字古通；此物：指小昆虫。

[4] 以　用。

[5] 白笔　羊毫笔。

[6] 沸洗　洗刷。

用肥水浇花，必会引来蛾虱之类的小昆虫滋生繁殖，这是"物类相生"的自然规律，它们滋生在兰的叶背及叶缝里，吸取兰株的汁液，叶子既坏损花就必然。若发现它们在兰株上寄生繁殖，可将大蒜研汁并适量加些水，然后用羊毫笔蘸大蒜汁水来清洗兰叶，直至清洗干净，把蛾虱等害虫除净。

兰谱奥法　兰言　艺兰记

小鸚鵡武鵑（墨兰）

七、杂发法[1]

遇盆内泥干时，则用茶水浇灌，不拘[2]时月。须河水或流下雨水，切不用井水。四月内有花至八月交过[3]，九月节气便可分花[4]。兰之壮者，可开二三十个花头[5]；弱无。只有五六个花头，恐泥瘦[6]分种。分种时将元盆[7]内泥取出，再加肥泥和匀，入盆栽种。

气鳞水[8]亦肥，须是浸得气味过，日久及[9]清用。寻常盆面泥干并实，则用竹篦[10]挑剔泥松，休要拨根动了。

叶红紫色，则是被霜打了。须移于南檐窗下，背雪霜处安顿，仍旧自[11]青春[12]。盆有窍孔，要[13]泥地安顿，恐[14]地湿蚯蚓钻入盆内，则损坏花。又休要放在盆蚂蚁窠处，恐引入蚂蚁损花。黄叶[15]用茶清[16]浇灌，有黄叶处连根披去[17]。花盆要放在高架上安顿，金风[18]从衣入[19]为妙，风入免蚯蚓蚂蚁之患。

九月分花时，用手擘[20]开，擘不开用竹刀[21]擘之。休要损动[22]了根，讫[23]如法栽动种。

[1] **杂发法** 杂：兼及；发：繁殖，发展；法：方法。

[2] **不拘** 不受限制。

[3] **交过** 交：前后交替之时。

[4] **分花** 即兰草长多后可以分株繁殖。

[5] **花头** 指花梗上的花朵。

[6] **恐泥瘦** 恐：担忧；瘦：不够肥沃的泥土。

[7] **元盆** 意为原盆，老盆。"原""元"二字古通。

[8] **气鳞水** 即沤制鱼鳞水作兰肥，可收集鱼鳞、鱼内脏及死鱼虾等放在密闭容器里，加水经数月至一年沤制腐熟，可待无气变清之后取液汁加清水稀释施用。

[9] **及** 到，至。

[10] **竹篦** 用竹子制作成的小耙子，是古时兰人的栽兰工具。

[11] **自** 自然。

[12] **青春** 喻兰生长健壮年轻。

[13] **要** 如果。

[14] **恐** 防止。

[15] **黄叶** 指兰枯萎的黄色老叶。

[16] **茶清** 去叶的茶汁水。

[17] **连根披去** 根：叶柄、叶甲；披：剥除。

[18] **金风** 秋风。古代以阴阳五行解释季节的演变，秋属金，称金秋，故秋风称为金风。

[19] **从衣入** 谢朓《泛水曲》："玉露沾翠叶，金风鸣素枝。"刘道著《湘江秋晓》："爽气荐金风，新凉入衣袂。"借喻秋风吹动兰草叶丛。

[20] **擘**（bò） 分裂、分扯。

[21] **竹刀** 古人用竹片制作的刀状物，用来分割兰花的假鳞茎等。

[22] **损动** 因不小心致损伤。

[23] **讫** 尽、都。

如果发现兰盆内泥土已经很干，就要用茶汤来浇灌（这是一种急救之法，平时给兰浇水，尽可以不干不浇为原则——译注者），不受时日和月份的限制。以河水或积储的"天落水"为佳，切忌使用井水（井水味咸——译注者）。

农历四月起，兰开始孕蕾（是指建兰——译注者），到了农历八月底九月初二月交替之时，花期已经过去，这是兰花翻盆的好时候。健壮的兰，苗株满盆，可以开二三十朵花。生长势弱的兰，就连一朵花都不能开。至于每盆只能开五六朵花的兰株，担忧分种的苗株原盆土过瘦，所以兰在翻盆时，先要把老盆里的泥土和兰株一起取出，再换上新的肥土并掺些老土和匀后再上盆。

鱼鳞水肥分很足，但必须经过相当时日的沤制至臭味淡去，待糊状之物沉底变清后，再加水稀释后才能用。平时见盆面表土变干变实，稍有板结时，可用小竹耙小心将其疏松，要注意细心挑别，不可伤及兰根。

深秋时，发现兰叶突然变成了红紫色，这是因为兰受到了霜冻。须把兰盆搬移到朝南的屋檐窗下，不会受到霜雪侵袭的地方去安放，这样做兰花自然仍会保持年轻苗壮。

兰盆底下有排水孔，要是直接把兰盆安放在泥地上，恐因地湿蚯蚓直接会从排水孔钻进兰花盆泥里，咬食和损坏兰根，更不要把兰盆放在蚂蚁窝边，以防蚂蚁入盆损坏兰花。发现兰草整盆有点变黄，可改用冷茶汤浇兰补救，有时见兰株老草边叶发黄，这是属于新老草正常代谢现象，可把兰叶与叶脚（叶柄）一起剪除。兰喜微风，应制作木架（高约三市尺左右——译注者），把兰盆置放在架上，让兰叶在秋风中轻舞，有金风入衣送爽的美感，有了风还可避免蚯蚓蚂蚁的侵扰。

农历九月，正是兰花可以分株栽植的时候，分株时可用两手轻轻使力，分捏兰株将其扯开。如不行，可在株与株交接的缝隙间，俗称"马路"处，用竹制小刀割开兰株芦头相连处，操作宜细心，不要损坏兰根。无论何种兰，都可按照上述介绍的这方法来进行翻盆、分株、栽植。

春剑

《兰谱奥法》特色点评

莫磊 / 撰文

关于"奥"字的释义,古人的解释是"浩浩焉,汪汪焉,奥乎不可测也";今人的解释是"含义深广,知识丰富"。顾名思义,《兰谱奥法》这册书就是概括、简化"兰谱"里繁多的文字,以浅显而简洁的语言,让读者理解"兰谱"里的基本知识内容,想来这就是作者编写《兰谱奥法》的初衷。相传该书面世于明朝,后人根据《夷门广牍本》1573—1620年刻本的影印本,于民国二十五年(1936)十二月由商务印书馆出版。书的作者署名却是我国宋朝王室宗亲的闽人,就是写《金漳兰谱》的赵时庚,赵时庚究竟是否写过《兰谱奥法》这书,则历来存疑。近日看到媚兰室主人——郭树伟先生的有关文章,不禁使人一阵惊喜,细细拜读内容,知是清人庄继光所写《翼谱丛谈》这本书里收集有宋人江道宗的《兰谱》,拟将《兰谱奥法》与《兰谱》的内容相互对照,似乎"奥法"一书的"内容梗概就是江道宗《兰谱》的'简本'",于是郭先生认为《兰谱奥法》的真正作者可能就是宋人江道宗。如按此说之意,那就是这位江道宗前辈因为是《兰谱》的作者,所以也可能就是《兰谱奥法》的作者。事情可真是无独有偶,有友人发给笔者另一个署名高濂写的《兰谱》,而在它的正文后面,接着又是一卷称名为《种兰奥诀》的不长文字,细看其各章里的内容,除某些文字与《兰谱奥法》稍有不同之外,其他所叙几乎跟"奥法"无异。如果按郭先生的思路来理解,那"奥诀"可能又是江道宗《兰谱》的另一个"简本"了。笔者钦佩郭先生的探索精神,热切指望着有志研究兰文化古籍的朋友能传来求得真实的消息。历史悠悠,想要得到这数百年前所发生的真事,该有何其难啊!

纵观《兰谱奥法》全书，文字组织严密，内容提炼精纯，它以不多的文字，概括出《兰谱》中七章不同内容的精华，叙说所谓的"奥法"，让兰人们在艺兰实践中能快速明白、理解，易记、易做，历来备受兰人们的喜欢，尤其是对那些刚登入兰门不久的莳兰人，更会是如获至宝。

"分种"是书中的第一奥法，作者点出"九月"两个字，结合题意，要你牢记农历九月是兰分种的最适时间。第二个奥法是"栽花法"，作者分先后步骤告诉你应该怎样种兰花，先做啥，再做啥，犹如一位细心的师傅在手把手地传教你给兰"上盆"，关键句是"不可将泥担（揿压）实"，因为担实了盆土，就会造成泥土间的空隙减少，空气流通不畅，保水性也变得不佳，"根不舒畅，叶则不长，花（也）不香"的后果。

本书三四两章的标题，一个是"安顿浇灌法"，另一个是"浇花法"，乍看标题说的都是"浇灌"，似乎内容重复。其实第三章安顿浇灌法的重点是说了两个内容，一是说花盆置放哪里好？书中分为春二三月和在四至八月前后两个时段，因气候变化的不同，安顿盆兰的处所也要有所不同；二是说兰花接受天上的雨水，也要按照气候的变化有所不同，即在一般雨天、大雨天或大雨天连日时，还有夏日"梅雨"天和高温期雷阵雨天时，告诉你在不同时日段里，看似同样的雨天却是各不相同的，兰人必须懂得不同的处理方法。概括这些内容，说的全都只是一个字，那就是大自然赐予兰的"水"。

本书第四章称"浇花法"，内容是介绍人工如何浇灌兰花，先说用什么水浇兰最好，再说应怎样浇才好，然后说夏秋季浇花选什么时间为好。这部分"奥"的关键语，一是肯定以河水、积留水"天落水"为最好；二是在夏秋二季浇花时间晨须五更，晚须黄昏（待植株与盆温降低以后再浇——译注者）。

"兰谱奥法"三四两章的内容虽都是说对兰的浇灌，但前者是说"天"给兰浇灌的水，后者说的是"人"为兰浇灌的水。由此可见历来兰人在育兰工作中再三强调重视浇水这一工作的重要性，找一个安顿兰的好处所和合理接受雨水或人工浇灌的水，都是本书"奥"的要点。

第五个奥法是"种兰肥泥法"，告诉我们如何能得到肥分充足的育兰佳土。文中介绍了两个方案，一是"火烧泥"拌"蕨草灰"；另一个是"尿浸草鞋"拌"大粪"烧制而成的灰。

第六个奥法是说给兰除虫，具体介绍了用大蒜研汁掺水擦患处一法。

第七章为"杂发法"，这章里有两个奥的概念。一是对长势兴旺的兰，可分割数块后分栽在几个新盆里，即称"分栽"；二是对长势一般的兰不可分割，只需倒盆加肥泥再重栽，即称"翻盆"。这章里"奥"的核心语是翻盆或分栽的时间是以"九月"初时为最佳。在文意上首尾作了呼应。

《兰谱奥法》全书，总的字数不过数千，它以一两句关键语来说明养兰最基本的原理和方法，例如翻盆、分株的时间和方法，放置盆兰的环境，对兰的培护管理，如何给兰浇水、施肥，如何配制培养土等等。作者苦心地把养兰的那些奥法，以最简洁明快的文字，全面地展示给爱兰养兰的朋友们。试问，如果是一个缺乏文化修养，本身缺少实际知识和动手技能的人，他能写出这样的书来吗？能用如此少量的文字，把"兰谱"里那么多"奥"的内容进行概括提炼，深入浅出地浓缩成知识与技巧相结合的精华，把它们展现给我们一代一代的艺兰人吗？

我们敬佩这位埋没真姓名的先人，对兰的陪护管理技能和表达水平之高超！俗语说"长话易谈，短言难表！"，所以我们切不要小看了这本言简意赅的《兰谱奥法》，它真的是字字珠玑啊！

说完了本书的特色，点评文章本该到此结束，但似乎还有一些与本书有关的事需要交代，那就是关于本书的审校人。周履靖（1549—1640），字逸之，号梅墟、梅颠道人、梅坞居士，又称抱真、螺冠子，系明朝时浙江嘉兴檇李村人，后隐居白苎村。周公工书画诗文，谙于金石篆刻、古玩器皿，一生专于著述，吟风弄月，淡泊自如。他不但审校本书，还为《兰谱》《梅谱》《荔枝谱》等作了审校工作，也是位很有声望的大文人，只是不知自称是宋人赵时庚的本书作者究竟是谁？他为什么不愿署真名？《兰谱奥法》与《种兰奥诀》二书之间又是怎样的关系？当然这些还都是我们难以解开的谜团。

兰言

明·冒襄辟疆　著
韶代丛书刊本
莫磊　译注

冒襄先生造像 庚子春月石三画

兰言跋

　　《离骚》以香草为喻，然于荃蘅之属[1]，时为君子，时为小人[2]，惟兰蕙则必属之好修之士[3]。言兰者，凡十五见[4]；言蕙者，凡十二见；秋兰[5]三见，木兰[6]三见，石兰[7]一见。然则兰殆[8]香草之冠也，与巢民冒君[9]以朋友为性命[10]，金兰之契[11]遍于海宇，九畹馥而百亩芬，宜[12]其叙兰事如数家珍也。

心斋居士[13]题

注释

[1] 荃蘅之属　荃：菖蒲；蘅：杜蘅。另有苏、药、芷、薰、留夷、揭车、蘼芜等十几种带有不同香味的植物，几乎都在《楚辞·离骚》中出现过，在中国兰文化中它们的声誉和地位均不能等同于兰。

[2] 时为君子，时为小人　在楚辞《离骚》行文中，存在着比喻的事物和被比喻的事物间无肯定含义的情况，《离骚》把荃蘅之属，有时比为君子，有时比为小人。如"荃蕙化而为茅"比喻君子变化成了小人；如"荃（国君）不察（不解）余之中情（我的内心之忠诚）兮，反而谑而齌怒（反而听信谗言，迁怒于我）"，把荃比作听信谗言的国王。

[3] 好修之士　好：操行高洁；修：具有好的道德修养；士：泛称为读书人。

[4] 见 见地、见解。

[5] **秋兰** 又名四季兰，因主产福建漳州、仁化等地，故又称建兰，品种数量众多。

[6] **木兰** 学名*Magnolia liliflora*，即紫玉兰，又名木笔，木兰科木兰属，为白玉兰变种。

[7] **石兰** 即鼓槌石斛，又名石仙桃。

[8] **殆** 必定。

[9] **巢民冒君** 本文作者冒襄（1611—1693），字辟疆，明末江苏如皋人，自号巢民，又号朴巢。幼有文才，诗文清丽。明亡后隐而不仕，所居处名朴巢。性喜客，邀四方名士，招无虚日。有《水绘园诗文集》《朴巢诗文集》《隐梅庵忆语》等传世之作。

[10] **以朋友为性命** 形容好客，重情义之人。谓对友谊的珍重视如自己的性命。

[11] **金兰之契** 金：比喻坚；兰：比喻香；契：投合。即金兰之好指交情投合的朋友。《周易·系辞上》"二人同心，其利断金，同心之言，其臭如兰。"

[12] **宜** 合人心意。

[13] **心斋居士** 张潮（1650—？）字山来，安徽歙县人。清代文学家。官至翰林院孔目，著作颇丰，有《幽梦影》《心斋诗集》《昭代丛书》等。

今译

伟大的爱国诗人屈原，在他的楚辞《离骚》中用来作比喻的香草有兰、蕙、荃、蘅等十几种之多，然而其中提及荃、蘅等一类的香草，喻意丰富，有时把它们比作为君子，有时把它们比作为小人。唯对于兰与蕙，却始终喻称它们是择善而从、博学于文、约之于礼、操行高洁的君子。在整篇《离骚》的文辞里，谈及兰的有十五处之多，谈及蕙的则为十二处，至于说到秋兰和木兰的，各有三处，而说石兰的仅有一处。既然这样，那么兰与蕙当然属于香草之冠！

冒巢民先生重情重义，热情好客，深爱兰蕙，他对兰蕙的珍重犹如自己的性命一样，交情投意合的朋友遍及天涯四方。他在家里培育有许多兰蕙，长得油绿一片，芳香满苑。听他叙说兰事，更像是介绍自己家中珍藏的那些宝贝疙瘩那样，津津有味地向你娓娓道来。

心斋居士（张潮）题

兰言小引

兰蕙之辨言，人人殊然，而可无辨也，其花同，其叶同，其香同，只苞之多寡、开之迟早，有微别耳。

今世人所重者惟建兰一种，此花产于南方，其性畏寒，冬月不可以风，兰主人多方护惜，始保无恙。意此花古尚无之。左氏[1]所谓"兰有国香"，孔子所谓"兰为王者香"，《易》所谓"同心之言，其臭如兰"，皆指生于幽谷者。今世人《艺兰月令》[2]"种植书"[3]所言，则皆指建兰矣。

孔子曰"幽兰生于空谷，不以无人而不芳。"较之建兰之专藉[4]培植者，殊不相侔[5]，则是古之所谓兰为特立独行[6]之士。今之所谓建兰，为可上可下之资[7]，必得贤人君子为之夹持[8]造就[9]，始克底[10]于有成[11]也。

吾里[12]有族兄某善艺兰，其言曰："兰生山中喜与乔松为伍，取松上龙鳞浸厕内若干日，复置清流涤其秽气，然后屑而为土[13]以之种兰，其叶之肥劲而短，与建兰相似。"苟[14]能尽以此法养兰，将建兰可失其贵矣！雉皋[15]冒辟疆先生性爱兰，着著《兰言》一帙[16]，展读之次[17]，令人齿颊俱芬，惜先生已殁，不能以浸松为土之说相告也。

心斋张潮识[18]

注释

[1] 左氏　即左丘明所编的《左氏春秋》，亦称《左传》。

[2] 艺兰月令　兰书名，是宋朝时曾在福建南平任延平知府的李愿中所编，作者采用歌谣的形式，概括介绍了建兰在十二个月中应怎样栽培管理。

[3] 种植书　泛指古时栽培花卉苗木的专业书，如后魏贾思勰著的《齐民要术》，唐李德裕著的《平泉山居草木记》，南宋陈景沂撰的《全芳备祖》，明俞贞木（俞宗本）撰的《种树书》，唐郭橐驼撰的《种树书》（柳宗元特为他写过《种树郭橐驼传》，介绍他的栽培技术之高）。

[4] 专藉　完全需要依靠。

[5] 殊不相侔（ móu ）　与迥不相侔之意同。殊：相异；侔：相同；意为两者相差甚远。

[6] 特立独行　指操守坚贞，志向高远，不随波逐流的人。

[7] 可上可下之资　资：资质，秉赋。即人的品格、秉赋具有可塑性。

[8] 夹持　扶助，教化，培养。

[9] 造就　造：通过教化，磨砺，培养；就：成就，成果。

[10] 克底　克：达到；底：目标，目的。

[11] 有成　成为有作为的人。

[12] 吾里　邻居，本家人。古时五家为邻，五邻为里。

[13] 屑而为土　屑：小碎块；为：当作。即用刀把松树皮切割成细小碎粒，当作泥土栽兰。

[14] 苟　如果。

[15] 雉皋　在江苏省南通市西，今称如皋市。

[16] 帙（zhì）　一函，一集，一卷。

[17] 次　停留。

[18] 识　记。

有关兰蕙的历史与鉴赏，自古以来人们一直是众说纷纭，然而也有无争无辩的，那就是对它们的花、叶和香三个方面。只是对花苞数量的多少以及对开花时间的迟早，稍有点不同看法罢了。

当今（明末时）世人所喜爱和珍重的唯有建兰一种，此花产于我国南方（闽广一带），花性怕冷，冬时须避寒风吹袭，栽培者须多方设法悉心呵护，才能够保全它们安然无恙度过严冬。料想这建兰先前大概是未曾被人所崇尚过，《左氏春秋》里称"兰有国香"（兰花之香，甲于一国）；孔子在琴曲《猗兰操》中讴歌"兰为王者香"（兰是众香国中之王)；《周易》赞美兰是"同心之言，其臭如兰"（心志投合，志趣高尚的朋友，犹如兰花一样芳香）。由此可见先贤们所崇尚的兰，所指都是自然生长在深山幽谷里的兰。而当今世人所编写的《艺兰月令》和那些"种植书"里所介绍的兰，却全都为建兰。

孔子说："幽兰生于空谷，不以无人而不芳。"（默然独守于深山的兰，不会因没能被人采选而设法去迎合，以致失去高洁的操守。）它们跟那些必须要专门依靠人栽培的建兰相比，是完全不同的。先贤所崇尚的兰，犹如有见识、有操守、能特立独行、不肯随波逐流的君子；而今天所谓的建兰，只是如可上可下、禀赋不足的布衣之士，他们必须接受过有德行、有才能、有声望的高人给予的严格教化，经过高人的扶助和磨砺之后，才能达到培养的目标和要求，成为有成就的人才。

有位我的邻居族兄，擅长艺兰，他说："兰生长在山中，喜欢跟高大的松树作为伙伴，可取松树上如龙鳞的外皮（装袋中）浸粪池里若干天（几十天、个把月）后，再把它（袋子）放到清溪中漂涤，除净污秽之气，然后把它们碎成如土的颗粒状，用它来代土栽兰，能使兰叶生长得肥厚而短矮，长得跟建兰那样。"如果借这方法养幽兰，那么建兰珍贵的身价必将尽失！

如皋的冒辟疆先生，一心钟爱兰花，著有《兰言》一卷。在认真拜读间静思片刻，仿佛使人感觉到齿鼻间留有舒人的兰香。可惜先生已经作古，遗憾从此再也不能听到他亲自来告诉我们，如何浸松树皮为土，然后再用它来栽兰的方法了。

心斋居士　张潮记述

兰言

据昭代丛书[1]版本
原著　如皋·冒襄　辟疆
译注　信安·莫磊

　　《猗兰操》[2]孔子称为"王者之香"，元览[3]称为
"百草之长"，燕姞之梦天使谓"兰有国香，人服媚
之"。此颂兰之祖鼻也。

　　左思《齐都赋》[4]："其草则杜若蘅鞠，石兰芷蕙，紫
茎彤颖，缃叶缥带"。颜师古[5]赋："惟奇卉之灵德[6]，禀
国香于自然。咏秀质以楚赋，腾芳声[7]于《汉篇》[8]。若
光风细转，清露微悬；紫茎膏润，绿叶冰鲜；若翠羽之
群集，譬彤霞之竞然"。又杨炯《幽兰赋》[9]："惟幽兰
之芳草，禀天地之淳精，抱青紫之奇色，挺龙虎之嘉
名[10]。""彤颖""缥蒂"之称，与"膏润""冰鲜""翠
羽""彤霞"之喻，可为三湘七泽[11]小影。锡[12]嘉名于
"龙虎"，恐与湘君[13]未惬[14]也！至于"光风转蕙泛崇
兰"[15]，风无形质，何从见光？惟春夏之交，兰叶滋荣，

咸受风润，风之光从叶上见，故曰"光风"，又曰"风光"。《月令》[16]著之四月，"人习矣不察，未尝于叶上验之，不独光在兰叶也，'泛'字亦有悟门[17]"。

《楚辞》："既滋兰之九畹兮，又树蕙之百亩。"十二亩为畹，二百四十步为亩，以地之遥廓计之，膏香芬郁，披拂飘扬，不知是何芳谱？是何香国？以视我几席上盆盎数枝，仅堪作幽人之佩耳！

魏武帝以绿叶紫花之蕙为香烧之，岂古人所谓兰麝氲氲者耶？

"兰生幽谷，不以无人而不芳。"又曰："与善人居，如入芝兰之室，久而不闻其香。"自芳兰之静性[18]也，久而不闻香之殊境也，此不可与百卉众花道。

罗君章[19]官时，有白雀栖其堂，还家，阶庭之间丛生兰菊，此德瑞[20]也。王摩诘"贮兰以黄瓷斗，养以绮石，累年弥盛"，此清赏[21]也。若霍定与友人游曲江，以千金窃贵侯庭榭中之兰花，插帽兼自持，往罗绮丛中卖之，士女争买，抛掷金钱。非不窃附豪宕[22]，恐大有玷于绝壑深林幽香独媚[23]也。

《楚辞》所咏，曰兰、曰荪、曰茝、曰药、曰蕙、曰芷、曰荃、曰蘼、曰熏、曰蘼芜、曰江蓠、曰杜若、曰揭车、曰留夷，释者一切谓之香草而已，皆兰之属也。兰香草也，散生山谷，紫茎赤节，绿叶光润，一杆一花，幽香清远，或白，或紫，或浅碧。尝开于春初，实吐苞于深秋，含萼于三冬[24]。冰霜之下，高深自如，雨露时濡，挺芳可至初夏。余小窗培植既久，每一花相对半年君子之交，淡而可久若此。

黄山谷[25]云："一杆一花而香有余者为兰；一杆数花，而香不足者为蕙（此言兴兰也）。"又以花开正月者兰，香清而雅；一杆五七花，三四月开者蕙，香浓而浊。又有叶阔如建兰者，一杆六七花，发于秋间，故知建兰亦蕙也哉。山谷以兰从君子[26]，蕙比士大夫。又山谷于保安僧居，开西牖[27]以养蕙，东牖以养兰。《建兰谱》[28]称建品之奇白曰"鱼魣"，或名"玉杆"，或名"玉魣"，是花也妙香殊胜，一可当百。他种皆叶罩花，而此独花架叶。如山谷所云"香浓而浊之蕙，岂得与之品齐？"又闻建兰之种，未易名状，纫采之愿，当结来生。

石门山在蜀之庆符县南，下瞰石门江，其林薄间兰种甚多，有春兰、夏兰[29]、秋兰[30]、凤尾兰[31]、素兰[32]、石兰[33]、竹叶兰[34]、玉梗兰[35]。春兰花生叶下，秋兰花生叶上。《楚词》"疏石兰兮以为芳"，岂即指此耶？

蜀中有花名赛兰香[36]，又名伊兰花。花小如金粟，香特馥郁，戴之法髻，香闻数十步，经久不散。粤之珍珠鱼子[37]，想亦同此。又一种兰，叶尖长，有花红白，俗名为燕尾香[38]。又风兰[39]，一名挂兰，不土而生，小篮贮挂树上，细花微香，人称仙草，皆见闻中之当纪者。

《礼记》[40]"妇人佩帨[41]，或赐之茝，兰则受献诸舅姑[42]。"以兰最贵于群花。若蜂采百花，皆置翅股间，惟采兰花则拱背入房，以献于王。微虫亦知贵花礼王若此。

凡兰开，皆有一滴珠露，含于蕊间花下，此为兰膏，甘香不啻沆瀣[43]，多取损花。昨几上兰花初植，辄有一蜂采露，驱之不去。此亦何从生？何从至？何所闻而来？物类感召[44]，无端[45]又若此。

兰待女子种则香。故名"待女花"。"宜男草"是其绝对也。又闻兰不经女子膏沐手，虽香不芳。诗曰："回芳薄秀木[46]"。言风吹兰气回转也。又曰："翡翠戏兰苕[47]"。言兰之秀，枝枝鲜明，故曰"苕"。

余乙卯丙辰，仅五六岁。先祖大夫携之会昌官署[48]。会昌属虔虔[49]，兰冠于江右，犹记数十盆盎，绕廊而蒔之，叶肥花茂，视兰太易易也。是时，先伯祖别驾公宧闽[50]，谓闽之兰，叶直、花白者，盖十倍芳滋于虔兰也。后随先祖辛酉入蜀[51]，蜀之兰无异于虔。辛巳省觐先宪副[52]于南岳[53]，道出湘浦[54]，九畹百亩，极目错趾[55]，无非香草。乃罹兵火[56]，奉母遄归[57]，未得穷访深谷[58]，以遂幽寻[59]。今之初春、晚春，负土移根者，皆宛陵阳羡[60]诸山所产，即觅得闽、虔者，不永数年[61]，咸萎霜雪矣！

忆辛巳春过兰溪[62]，见邑[63]大门悬王仲山[64]先生所书，"观瀫采兰"[65]四大字，极其道拔[66]。时凌遽解缆[67]，未访同心，不知兹邑以兰得名，所产何如？

辛丑夏，余滞邗[68]上，时闺中有小姬扣扣[69]，因盆兰盛放，寄小笺[70]云："见兰之受露，感人之离思。"余归，戏询曰：那得此好句？生笔下如许姿制耶！答云："选赋'见红兰之受露[71]'。我仅剪却一'红'字耳！"去今十六年，扣扣化影梅庵畔黄土[72]者十三年矣！

更忆四十三年前，是为庚午之春[73]，谭友夏[74]寄《雪兰辞》索和，题中有"兰产石中，一茎一花，花开如雪"。语余为和之，"楚人赏兰，古有殷红，今有白雪"。两见于《同心之言》[75]。集兰之余，追思一慨[76]。

又乙卯初春[77]，于梅公行笥[78]，得"大错"[79]所修《鸡足山志》[80]读之，鸡足产兰，有紫、有朱、有蜜色、有碧玉色。而以雪兰[81]为第一，开于深冬，其色如雪鲜洁，可怜"大错"为吾友钱开少，亦可与雪兰俪其芳洁[82]者矣！

注释

[1] 昭代丛书　是本书序作者张潮（山来）所主持的刻本，该刻本为安徽歙县张山来辑，江苏吴江沈楙蕙校。

[2] 《猗兰操》　孔子所作琴曲。"孔子历聘诸侯，诸侯莫能任。自卫返鲁，隐谷之中，见香兰独茂，喟然叹曰：'兰当为王者香，今乃独茂与众草伍。'乃止车，援琴鼓之，自伤不逢时，托辞于香兰云。"

[3] 元览　元：元朝；览：道家概说。即元朝道家的典籍要览。

[4] 左思《齐都赋》　左思，字太冲（约250—305），山东临淄人，西晋著名文学家，出身寒门，自幼发奋读书，据说其外貌丑陋，出言迟钝，但下笔著文，辞藻壮丽，风发泉涌，犹有神助。但因出身寒微，只能屈居下位，郁郁不得志。曾用一年时间写成《齐都赋》，后又构思十年，写成《三都赋》，轰动当时豪贵之家，竞相传抄，整个洛阳城由此纸价大涨，成语"洛阳纸贵"典故即源于此。

[5] 颜师古　字籀（zhòu）（581—645），雍州万年（今陕西）人，官至中书侍郎，为名儒颜之推的孙子，少时博览群书，遵循祖训，学问通博，擅长文字训诂，声韵校勘，作有《汉书注》《急就章注》等，考正文字，多所订正。

[6] 惟奇卉之灵德　美好的品行。

[7] 腾芳声　腾：飞扬，传播；芳声：好声誉。

[8] 《汉篇》　即《汉书》。东汉班固撰，全书十二纪，八表，十志，七

十列传，共百篇。记载自刘邦（高祖）元年至王莽地皇四年，共二百三十年间主要事迹。

[9] **杨炯《幽兰赋》** 杨炯（约650—693），唐代著名诗人，陕西华阴人，与王勃、卢照邻、骆宾王齐名，称"初唐四杰"。唐显庆六年（661），12岁时举神童，授校书郎，永隆二年（681），任崇文馆学士，如意元年（692）任衢州盈川县令，明人为其辑有《盈川集》。《幽兰赋》为杨炯所作，赋赞芳草幽兰是天地和合的精华，具有君子那样高洁的品性。

[10] **挺龙虎之嘉名** 挺：突出；龙虎：喻有德有才归隐的贤人高人（藏龙卧虎）；嘉名：好名声，有声望。但作者文中认为龙虎是凶猛的动物，其性显得过武，用来比喻婀娜的兰，形意不够贴切。

[11] **三湘七泽** 三湘：为流经湖南的三条水系，即潇湘、资湘、沅湘；七泽：指古时楚地诸多湖泊，以云梦泽为著名。

[12] **锡** 赐予。

[13] **湘君** 湘水之神，为投水自寻于湘水的女英、娥王姐妹俩。（湘水之神。历来说法不一，有指舜的二妃娥皇与女英，也有单指尧的长女娥皇，也有指舜。）

[14] **未惬** 不恰当，不合适。

[15] **光风转蕙泛崇兰** 典出《楚辞·招魂》，光风：谓雨霁日出而有风的天气，草木有光；转：摇动。

[16] **《月令》** 即李恫所撰的《艺兰月令》。宋人李恫，字愿中，为当时的理学名儒，曾在福建西北部产兰区任延平（今称南平）知府，极喜兰，他按建兰在十二个月中该如何管理为内容，采用歌谣的形式概括写成内容深入浅出、通俗易懂的《艺兰月令》一书，对后世有一定影响。

[17] **悟门** 佛教以"觉悟"为入门境，故称悟门。本文意为对某个事物还可有再作深入体验和感受的空间。

[18] **静性** 是一种无求、无杂念的心态修养，如君子筑茅庐隐幽若兰，在深山穷谷自芳，心地无任何杂念。

[19] **罗君章** 罗含，字君章，晋贵阳耒阳人(今湖南耒阳南)。擅文章，由州

主簿累官至廷尉、长沙相。谢尚、桓温称之为"湘中之琳""江左之秀"。致仕还家，居于荆州城西小洲上。竹篱茅舍，布衣蔬食，怡然自乐。因为官清正，道德高尚，辞官后能得到祥瑞的报应。《晋书》有传。

[20] **德瑞** 为官时有清明的德治政绩，致退官后得到祥瑞的福报。

[21] **清赏** 高雅的赏玩之物。

[22] **非不窃附豪宕** 非不：为双重否定，即肯定，必定；窃：盗窃；附：随带着，附庸；豪宕：豪放不羁，恣意放纵，不守法度。《金史·姬汝作传》（卷123）："汝作读书知义理，性豪宕不拘细行，平日以才量称。"意为：这是不守法度的偷窃以及假装豪放不羁的行为。

[23] **幽香独媚** 即兰具幽香、秀美的特征，特别受人喜爱。

[24] **含萼于三冬** 含萼：花苞孕育期；三冬：冬季的三个月，即孟冬（阴历十月）、仲冬（阴历十一月）、季冬（阴历十二月）。

[25] **黄山谷** 黄庭坚（1045—1105），宋分宁人，字鲁直，号山谷道人，曾谪涪州，又号涪翁。治平四年进士。哲宗时预修《神宗实录》，迁著作佐郎，升起居舍人。绍圣初知鄂州，章惇、蔡京以"修实录不实"，贬涪州别驾，后又以文字罪除名，贬宜州，卒于其地。诗学杜甫，自辟门径，为江西诗派之祖，晚年位益，名益，与苏轼齐名，世称苏黄，善书行草。

[26] **兰从君子** 从：如同，把兰比喻为才德高尚的隐士。

[27] **牖** 即窗。

[28] **《建兰谱》** 宋《王氏兰谱》之别称，为南宋淳祐（1242）年间王贵学编著。本文是对建兰专著的概称。

[29] **夏兰** 即蕙兰，通常一莛九花，又名九节兰；初夏开花，故又称夏兰。

[30] **秋兰** 即建兰，又称秋兰或四季兰。

[31] **凤尾兰** 凤尾兰学名 *Yucca gloriosa*，龙舌兰科龙舌兰属，叶如剑，花白色成串，倒挂似铃铛，无香，产于四川；一说凤尾兰就是莲瓣兰凤尾素，它的色彩是白色中泛出青光，清澈高洁，兰香纯正，产四川、云南。

[32] **素兰** 古时所指为白芽白梗素心的四季兰鱼魫素，叶长尺余，叶幅较

宽，稍带弯垂，花梗青白，花色纯白，香甚，花片澄澈，如鱼沉水中无影状，即《建兰谱》所称的赵花十二萼。

[33] **石兰** 兰科石斛属，即今称的鼓槌石斛，又名石仙桃，为石斛的一种，假鳞茎如一小桃，上有一片或二片卵形叶，产四川及云贵一带，常丛生于大树上、岩石缝隙间，叶革质而厚，中间略凹，上部着黄白色极小花一二朵，形比桂花还小，可入药，降血压、降血脂，益智。

[34] **竹叶兰** 兰科石斛属植物，学名*Dendrobium nobile*，即铁皮石斛和金钗石斛，假鳞茎一节一节似微型竹子，叶长圆形似竹叶，长于节间，花色有黄、粉、红等，可入药，祛虚热、滋阴。

[35] **玉梗兰** 产于四川、云南，一说是春剑隆昌素，一说是素心莲瓣兰，也有四川人称某种素心四季兰为玉梗兰。

[36] **赛兰香** 米兰，又名赛兰香，楝科常绿小乔木，多分枝，奇数羽状复叶互生，圆锥花序腋生，花黄色如小米，芳香。

[37] **珍珠鱼子** 金粟兰，又名鱼子兰、茶兰，金粟兰科常绿半灌木，枝干光滑，青绿色，柔弱而脆，花浅黄如鱼子，含香。

[38] **燕尾香** 即今称春剑之一种，叶鞘长而紧抱叶基，每株4~5叶，高50厘米左右，叶刚劲直立，叶尖分叉似燕尾而故名，花分红白，春天放花。

[39] **风兰** 俗名挂兰，附生于森林及水边之巨树上，高4~5厘米，茎短，叶狭小，质硬，蜡革质肥厚，常绿，对生于茎之左右，七月开蜡黄花，亦有开紫花4~5朵，芳香特浓。

[40] **《礼记》** 又名《小戴礼记》，相传为孔子的七十二弟子及其学生们所作，西汉理学家戴圣及其侄子所合编。共四十九篇，十三经之一。写战国以后及西汉时期社会的变动，包括社会制度、礼仪制度、人们观念的继承和变化。

[41] **佩帨**（shuì） 原指古代女子的佩巾，用以擦刷不洁，在家时挂门右，外出时挂身左。文中则是说以兰花与五彩丝绳作成的精美佩饰。

[42] **受献诸舅姑** 受献：敬奉；诸：各位；舅姑：丈夫的父母或妻子的父母，古指"公婆"。

[43] **不啻沆瀣** 啻：好像，如同；沆瀣：夜间水气形成的露珠。

[44] **物类感召** 物类：即自然的法则，物以类聚；感召：感化。意为自然界既存在物以类聚，必然会同时存在相互感化和依靠。

[45] **无端** 没有尽头。

[46] **回芳薄秀木** 回：形容兰香运转传送；芳：芳香；薄：飘浮；秀木：草木之花。描写微风送去山花（兰）的芳香随山间转动。此句典出无考。

[47] **翡翠戏兰苕** 典出东晋人郭璞的《游仙诗·翡翠戏兰苕》："翡翠戏兰苕，容色更相鲜。绿萝洁高林，蒙笼盖一山……"翡翠：鸟之一属，长嘴红脚，有蓝绿青极美羽色的小鸟；戏：戏谑，嬉戏；兰：兰花；苕：紫葳花。

[48] **会昌官署** 会昌：县名。在江西省东南部，赣江东源贡水流域，邻接福建，宋始建县，据地为湘江镇；官署：官府，郑玄注："百官所居曰府"。

[49] **虔虔** 古地名。今江西赣州市，以虔化水得名，辖境虔县及赣江流域一带。

[50] **先伯祖别驾公宦闽** 先：称已故长辈；伯祖：祖父之兄；别驾：官职名，为州刺史佐吏；公宦：任朝廷官员；闽：福建古称。

[51] **辛酉入蜀** 辛酉：明天启元年（1621）；蜀：四川古名。

[52] **辛巳省觐先宪副** 辛巳：明崇祯十四年（1641）；省觐（xǐngjìn）：探望，拜会；先：先，前；宪副：官职，清代都察院副长官左副都御史的别称。

[53] **南岳** 山名，五岳之一。古时霍山、衡山，都曾称南岳，汉以后把衡山称为南岳。

[54] **道出湘浦** 浦：水边，即行水路来到湘江边。

[55] **极目错趾** 极目：注视远方；错趾：高低错落，意为注目远望，群山层迭，高低错落，尽收眼底。

[56] **乃罹兵火** 罹（lí）：遭遇；兵火：战争。

[57] **逢母遄归** 遄归：火速归家。意为听从母亲召唤，须尽速赶回家去。

[58] **未得穷访深谷** 未得：不能；穷：寻根追源；访：寻求；深谷：深山幽谷。

[59] **以遂幽寻** 遂：满足夙愿；幽寻：探胜。

[60] **宛陵阳羡** 均为地名。宛陵：即今之安徽宣城；阳羡：即江苏宜兴南。

[61] **不永数年** 永：长久；不永则为时间短暂，不久。

[62] **辛巳过兰溪** 辛巳：即明崇祯十四年（1641）；兰溪：兰溪位于浙江中西部，钱塘江中游，金衢盆地北缘，自古因山上多产兰蕙而溪以兰名，地以溪名。兰溪是中国兰花之乡，建有全国闻名的中国兰花村，爱兰养兰是兰溪人民传统的民俗风情，历来都蔚然成风。

[63] **邑** 古代区域单位。九夫为井，四井为邑。柳宗元《封建论》："立都会而为之都邑。"即今称之县。

[64] **王仲山** 王仲山是秦桧的岳父，在南宋靖康二年（1127）前曾享受北宋朝廷的优待，后依仗女婿之势，任过两浙路转运使和临安（今浙江杭州市）知府，后又出任抚州（今江西抚州市）知府，过着一无作为、醉生梦死的生活，在面临金人入侵时刻，既不死战，反坦然与时任袁州（今江西宜春）知府的兄长王仲嶷一起选择投降，并接受金人的职位。考《宋史》《朝野拾遗》。

[65] **观縠采兰** 縠（hú）：风吹水面形成如丝绸般的皱纹。古时衢江又称縠地江，在钱塘江上游衢州段境内。康熙《衢州府志》卷二十八载："三衢据縠江上游，为浙东要郡。"自龙游至兰溪这段江上，常见有回旋如縠（丝绸皱纹）的水面。古文中描写上山采兰时，从山间眺望縠地江，见水流回旋而形成如縠的美丽水波纹。王仲山曾为兰溪题写过"观縠采兰"大匾额。

[66] **遒拔** 遒拔（qiúbá）：刚劲有力。

[67] **时凌遽解缆** 时：时间；凌：临近；遽（jù）：就要；解：解开；缆：系船的绳索。意为当时已快要开船。

[68] **辛丑夏，余滞邗** 辛丑夏：即清顺治十八年（1661）夏季；滞：逗留；邗（hán）：古国名，亦作干。在今扬州市东北，春秋时为吴所灭，

成为吴邑。故人常习称扬州为邗，1956年重置该地域为江苏省邗江县。

[69] **小姬扣扣**　冒襄之妾吴美兰，生于崇祯十六年（1643），字湘逸，小名扣扣，能诗画。原籍江苏镇州（今称仪征），随父流寓如皋。顺治六年（1649）时，已嫁冒襄数年之久的明时秦淮名姝之一的董小宛与冒襄走在街上，一见她（扣扣）英慧异于常人，就将其买作婢女，并对冒氏说："这女孩儿必是君他日香奁中之物"，小宛去世（有说被清军所害）后，于清顺治十八年（1661），五十一岁的冒氏择定中秋节，将时年十九岁的贴身丫鬟扣扣娶为妾。

[70] **小笺**　供题诗写信用的精美纸张。

[71] **见红兰之受露**　典出南朝著名诗赋家江淹《别赋》："日下壁而沉彩，月上轩而飞光。见红兰之受露，望青楸之离霜……"红兰涵含秋露，青楸蒙上飞霜，即"别离"是使人最为神伤的事。

[72] **化影梅庵畔黄土**　即小姬扣扣病故后葬于如城南郊影梅庵侧的"冒家龙塘"，文中表达作者对其深刻怀念的心情。

[73] **庚午之春**　即明崇祯三年（1630）春季。

[74] **谭友夏**　原名谭元春（1586—1637），字友夏，号鹄湾，别号蓑翁，湖广竟陵（今湖北天门市）人，明代文学家。明天启年间乡试第一，与同里钟惺同为"竟陵派"创始人，论文重视性灵，反对摹古，提倡深古峭的风格，所作亦流于僻奥冷涩，作品有《谭友夏合集》（诗文集二十三卷）。生前于科场不得志，仅在四十二岁时才以湖广乡试第一中举，会试则屡屡不中，最后死在赴京赶考的旅馆中。死后留有许多文章诗词，刊刻的有《岳归堂集》《岳归堂新诗》等。

[75] **《同心之言》**　诗集，明冒辟疆编辑。

[76] **追思一慨**　追思：对往人往事的回想；一慨：一一地都使人无限感慨。

[77] **乙卯初春**　即清康熙十四年（1675）春。

[78] **梅公行笥**　梅公：吴伟业（1609—1672），号梅村，江苏太仓人，明崇祯进士，官左庶子弘光朝任少詹事，入清后官国子祭酒，明清诗人，

与冒襄关系甚笃，1664年吴曾为冒之姬董小宛遗像题诗："珍珠无价玉无瑕，小字贪看问妾家；寻到白堤呼出见，明月残雪映梅花。"吴同时也工词曲书画，吴的早期作品风华绮丽，明亡后激楚苍凉。行笥：可装衣物的竹编或藤编长方形箱子。

[79]大错 和尚名，原名钱帮艺（1602—1673），字开少，江苏丹徒（镇江）人，唐明皇隆武元年，入选贡生，上书召对，授监察御史，后为四川巡按兼提学，后因拒张献忠余部孙可望招降，归隐于贵州柳湖他山，毅然削发为僧，后带十一僧众到鸡足山共同参禅焚修，法号大错和尚，潜心做学问，著书二百余卷，有《大错和尚遗集》《鸡足山志》等。

[80]《鸡足山志》 地方志。书中记载清康熙年间（1662—1722）或康熙十四年（1675）中国五大佛教名山之一的云南宾川西北雄健幽深的鸡足山，山上长有成片兰，山顶有迦叶石门洞天等胜景。三千年来集名人名士、胜侣、高僧的游览吟咏，篇什流传，前明江阴人徐霞客曾撰辑志书，因病中辍，仅成初稿四卷，大错和尚继而成之，得《鸡足山志》十卷。

[81]雪兰 即甸兰大雪素，产云南西部山区，每株有叶5~7枚，叶长50厘米左右，叶质厚硬，花大，瓣宽，端部尖，大卷舌，舌面满布密集晶亮的闪光苔点，净素，清丽高洁，春节开花。

[82]俪其芳洁 俪：偕同；其：雪兰；芳洁：美好的声誉。

　　孔子琴曲《猗兰操》赞美"兰为王者香。"道教经典尊称兰为"百草之长"。一个中国历史上传续了几千年的故事，又有《左传》叙说郑文公之妾燕姞，梦天使赠兰说："兰为国香，人服媚之。"这些话都是在赞美兰是一切香花的鼻祖。

　　左思在写了整整一年的《齐都赋》里，以优美的文字语言描写了兰花："兰有杜若、蘪鞠、石兰、芷蕙等众多同类，有紫色的茎杆，红色的花苞，浅黄、淡青的叶子好似帛带般柔美。"颜师古在《幽兰赋》里赞美："兰是具君子特有的美好德行的奇花，接受大自然所赋予的灵气，禀承着'国香'的声誉。《离骚》多处歌颂兰的秀美质朴，《汉书》赞美兰有高洁清香的声誉。如果在雨过天晴、和风习习的时候，看兰株上悬挂着晶莹的露珠，红紫色的花朵秀美滋润，嫩绿油亮的叶子丛聚一起，犹如群集的翡翠鸟，又恰似争比艳丽的红霞。"还有杨炯的《幽兰赋》赞美："唯有兰这隐居深谷的香草，接受天地所给予的精气，持守着青叶红花，永不改变的俏丽特色，犹藏龙卧虎高人隐幽的美名。"这些诗句把红色花苞形容为"形颖"，绿色兰叶形容为"缥带"，这形象描写真是生动，又用"膏润""冰鲜""彩羽""形霞"比喻兰茎叶的神采，也是非常贴切的，可称为是宽广的湖南大地上，三湘七泽间，众兰的缩影。但赐给兰一个张牙舞爪、凶猛无比如龙虎的所谓"嘉名"，恐怕与湘君柔美婉约的形象不够贴切！

　　至于说到"光风转蕙泛崇兰"（这句话的意思是春雨后日出，和风摇动兰叶），想必风是看不见、抓不着、无形无质而流动的空气，如何才能见到风之光呢？那非得在春夏之交，兰株正滋润茂盛生发，它们皆因得到春风春雨的滋润，风之光才可以从兰叶上看到，所以"光风"也可称为"风光"。李愿中编著的《艺兰月令》是这样写四月的："人往往体会不到节令的变化，不妨从兰叶上去观察感受，不单是只有'风光'显现在兰叶上，还能从这个'泛'字上得到更多方面的启发与体会。"

《楚辞·离骚》有"既滋兰九畹兮，又树蕙之百亩"句。查古时面积计算法：以十二亩为一畹，二百四十步为一亩。以这般广阔的面积来计算，如此芬芳馥郁、迎风飘拂的兰蕙景象该是何等的壮观！哪里是某册芳谱，某个兰苑，只不过是能看到像我几案上所开的那么几枝兰蕙花朵，仅仅够给隐幽的君子作为佩饰罢了。

魏武帝曹操把称作蕙草的绿叶紫花泽兰当作香料来烧，这难道就是古人所说弥漫在室中的兰麝之香吗？

"兰生幽谷，不以无人而不芳。"及"与善人居，如入芝兰之室，久而不闻其香。"孔子的这些话是在说兰犹如君子，能自尊自爱，有无为、无争、无乱的幽性。"久而不闻其香"是说人与兰在思想上高度融合的特殊境界，这是百草和众花所不能相比拟的。

晋人罗含（君章）在任官时，见公堂里有白色小鸟筑巢居住，这些具有灵性的小鸟一直住在堂上陪伴着他，后来又在他致仕还家时，竟惊喜地见到家屋的庭阶间，有兰和菊丛生着。这是他为官清廉、祥瑞积德的象征。

王摩诘（王维）栽兰用黄砂盆，选有细孔花纹的小石头来栽兰，使兰能终年生长得繁茂，这就是高雅的"清赏"。

像《曲江春宴录》里说有个叫霍定的年轻人，他随同朋友游曲江时出重金到附近一家士大夫的花园里偷来兰花，插在帽上，持在手中，然后到衣着体面的人群中去卖这些兰花，仕女们一见兰花，就不惜金钱纷纷争买。这种看似花费重金，却是不守法度的偷窃以及假装豪放不羁的行为，大大玷污了独生于绝壑深林里如君子般幽香的兰花高贵的形象！

《楚辞·离骚》所歌咏的兰花品种，有兰、荪、茝、药、蕙、芷、荃、蘪、薰、蘪芜、江蓠、杜若、揭车、留夷等十几种植物，解释的人一律把它们说成是"香草"，归纳到兰的家属中。兰是"国香"，它们生长在深山幽谷间，紫色的茎、红色的节秆和鲜亮润泽的绿叶，一秆一花，幽香清远。其花有白、紫、青绿等色。曾开花于初春，分生花苞于深秋，又经过三个月寒冬的孕育，身经伏秋、酷暑和寒冬的霜雪，能坚强面对各种困难。它们在时雨清露的滋润下，放花释香可久至初夏。我在小窗边培植兰，时日已经很久，每开一花，基本可相对持续半年不败。

黄山谷说："一秆一花，香气浓郁的是兰；一秆数花，逊的是蕙。"又说"花开正月者为兰，其香清而雅；一秆五七花，三四月开的为蕙，其香浓而浊。"还说"叶阔似建兰那样，一秆有六七花，生发于秋时，由此可知建兰其实也属于蕙"。黄山谷把兰比作君子，把蕙比作士大夫。他居住在陕西延安县保安寺庙的僧舍里时，曾把蕙养在西窗口，把兰养在东窗口，这也说明了兰与蕙的生长特性是有所区别的。

在（王贵学的）《建兰谱》里，介绍有称名"鱼鲅"的白色奇花，（又称名玉杆、玉鲅），以该花的形、色、香等数个方面与同类相比，都属于上品，真的能以一顶百！别的品种之花，因花秆短全都是叶罩在花上，唯独此品，花秆却高出叶面。像黄山谷所说的那种香浓而浊的蕙，花品怎么可以与鱼鲅等同相视？又听说还有一种建兰，可惜不知它叫何名，也未见过其开品特征，要想达到与它结为"同心"的愿望，可能要到下辈子了！

石门山在四川庆符县南，从高处远眺石门江一带，两岸层林密布，林间多有春兰、夏兰、秋兰、凤尾兰、素心兰、石兰、竹叶兰、玉梗兰等生长着。春兰之花梗矮，开的花低于叶面；秋兰之花梗高，开的花要高出叶面。《楚辞·离骚》里的"疏石兰兮以为芳（疏石栽着的兰，正在发香）"，是否就是指这样的意境呢？

四川有称"赛兰香"，又名伊兰花的品种，它的花虽形小如金粟，香却特浓，妇女插戴在发髻上，能香闻十步，经久不散。广东有珍珠兰，又名鱼子兰，想它们该是同类吧。又有一种兰，叶端尖长而分叉如燕子尾巴，花有红白之分，当地俗称"燕尾香"。还有一种株形短小的"凤兰"，又名挂兰，是根不着土的附生兰，把它种在盛满树皮的篮子里，挂到树上，花细小带微香，有人还称它为仙草！

《礼记》说："妇女作佩饰，可以用稍次的香草蓝；若得到了兰，应当敬献给公婆或岳父母等长辈。"因为兰要珍贵于蓝等其他众香花。就像蜜蜂采百花时都是把花压在翅膀与大腿下，唯对兰花却是拱背进入花内，可见这小小昆虫也懂得对"王"有如此的尊重！

凡是兰花开时，都会分泌出一滴露珠状的液体，悬挂在苞间花下，称作"兰膏"，其味甜香，它们实在是不同于夜间水气形成的露珠！这"兰膏"如果被取走，花立即就会失去神采。看这几上盛开的兰花，昨天才刚上盆，立刻就见一只蜜蜂来采兰花的膏露，驱赶多次仍是不肯离去。这情景使我想到这样一个道理，世间任何生物，它们生来就知道自己靠什么生存？到哪里去寻找生活来源？闻到了什么而来？这是自然界物类互相依存的关系，这关系总是这样无穷尽地被延续着。

把兰交给女子种，开出的花朵就会芳香，所以兰又名"待女花"。又听说兰如果不经过女子脂粉之手，花虽有少许之香，但不会有幽雅芬芳之气。

古诗有"回芳薄秀木"之句，其意为春风吹送阵阵兰香，连绵不绝。又有"翡翠戏兰苕"之句，意赞兰长得鲜绿繁盛，故称为"苕"，春风中引来翡翠小鸟绕兰嬉戏的情景。

明朝万历乙卯至丙辰（1615—1616）年间，当时我还只有五六岁，我的祖爷爷就把我带到他任官的江西会昌官署里。会昌属于虔州（今属赣县），兰花资源最为丰富，冠名于江东一带，至今我还记得，那时会昌官署里有十几盆兰花绕着长廊边摆放莳养，看去叶肥花茂，那个时候我以为得兰栽兰都是很容易的事。记得在当时，我的伯祖爷时任州刺史佐吏，因公务之需，曾临时调去过福建任职，听他说福建的兰，是直立的叶子，白色的花，它的形象及芳香程度跟虔（赣）兰相比，真有十倍之差距！后来于天启辛酉年（1621）时，我又跟随祖爷爷调遣而去了四川。四川的兰与江西的兰没有什么不同。时光到了明崇祯十四辛巳年（1641），我曾去湖南南岳州（今称衡山、天柱山）御史府，拜望御史，路经湘江边，远远望去，处处是九畹百亩的兰蕙高低错落地生长着，因当时正在打仗（清灭明之战），家母令我急速归家，没能亲自进得深山里去好好寻根追源，以满足探幽的心愿。今年初春和晚春之时，我寻找到的那些带土移来栽培的兰，都是从宛陵（安徽宣城）、阳羡（江苏宜兴）那些山里所生长的兰。而福建和江西所觅得的兰，因不能抵御霜雪之寒，总是养不了几年就没有了！

回忆明崇祯十四年辛巳年（1641）春天，我经过浙西兰溪，见衙门上悬挂着由王仲山先生所书"观澉采兰"四个大字的牌匾，笔力极为刚劲挺拔。但因当时即刻将解缆开船，未能上岸去拜访知心的朋友们，不知此县是因兰而得名兰溪，也不知所产的是怎样的兰？

记得那是清顺治十八年辛丑年（1661）夏天，有一段时间我逗留在扬州，此间收到爱妾扣扣所寄来的家书，她因见家中有盆兰盛放，便即兴在小笺上表达自己的情感，且对仗得工整："见兰之受露，感人之离思（兰因浸露而受凉，人因离别而思念）。"当我归家之后，以开玩笑的口吻相问爱妾，你是怎么想出这么好的句子的？笔下语境竟会有这般生动有情！她即坦然而真诚地回答，是在《诗选》中看到有"见红兰之受露"的现成句，妾仅去掉了原句的一个"红"字，为自己所用而已。啊！转瞬之间，此事距今已经十六个年头，我的扣扣长眠在隐梅庵旁的黄土垄中也已经有十三个年头了。

追忆在四十三年前，即明崇祯三年庚午年（1630）春，友人谭友夏寄给我《雪兰辞》，他只题了上半阕，"兰产石中，一茎一花，花开如雪。"向我索要后半阕和辞，我以"楚人赏兰，古有殷红，今有白雪"相和。两人所题，后来则收编于《同心集》里。在追忆往昔有关兰的琐事之余，细想那些人，那些事，不禁都令我感慨万千！

再忆清康熙十四年乙卯年（1675）初春时，不经意间，在吴公梅村的行李箱里得到由大错和尚所编修的地方志《鸡足山志》。拜读中知鸡足山产兰，花色有紫、朱红、蜡黄、浅绿等，而以"雪兰"冠名的此花，开于深冬、纯白如雪，鲜洁可爱。大错原名钱开少，是我的朋友，他的为人处事，品性孤高，与雪兰真称得上是声誉美好的伙伴！

賽兰香

春兰

夏兰

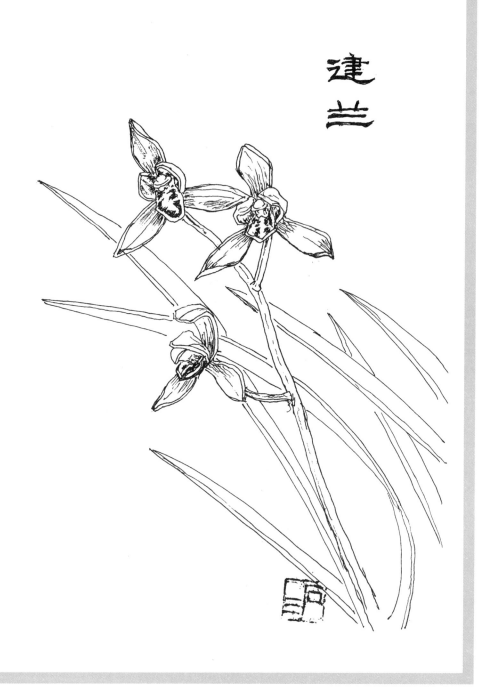

建兰

凤尾兰

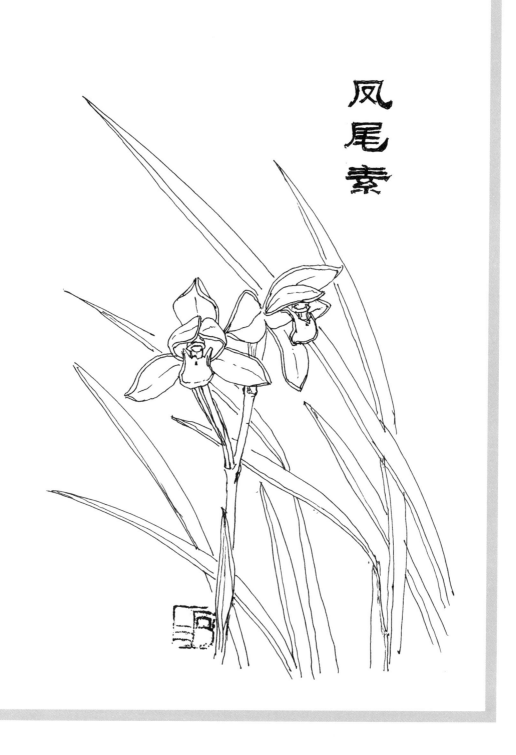

凤尾素

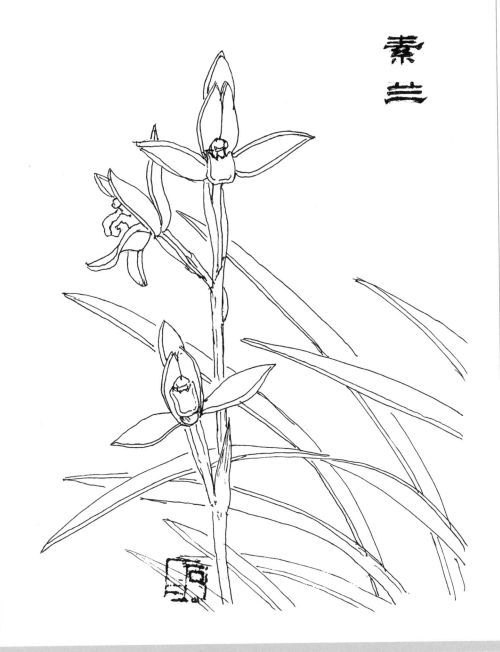

素兰

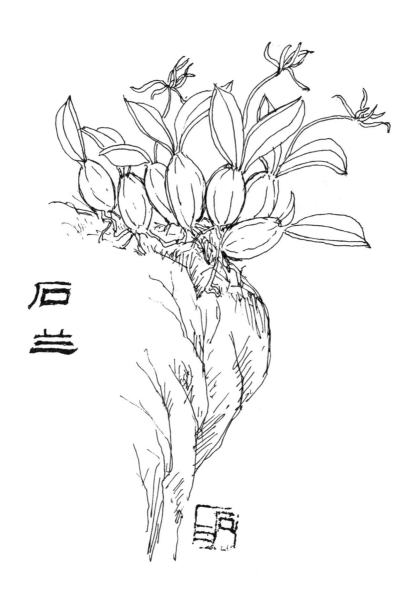

石兰

竹叶兰

玉梗兰

珍珠鱼鱼

荪尾香

兰言

風蘭

大雪素

《兰言》特色点评

莫磊／撰文

　　《兰言》作者冒襄（1611—1693），明清时期的文学家，字辟疆，自号巢民，又号朴巢。明末江苏宜兴人。少时用心读书，天资聪慧，诗文清丽，表现出极高的天赋，尚未成年，诗文就很有名气。成年后与当时正年轻的方以智、陈贞慧、侯方域并称"四公子"。著有《水绘园诗文集》《朴巢诗文集》《兰言》和《影梅庵忆语》等作品。

　　《兰言》文字不多，也许今人看来连长文都算不上的篇幅，何以称书？因为古时书籍文字多为毛笔书写，印书也用木板雕刻，往往百十来个字就需一页大纸面。虽然清朝时已有石版印刷，但多以原字大小刻版，如许一篇文章，竟然也有近百页之多，自然可以成书了。

　　作者冒襄自述："余乙卯、丙辰，仅五六岁，先祖大人携家之会昌官署，会昌属虔虔，兰冠于江右，犹记数十盆盎，绕廊而莳之，叶肥花茂，视兰太易也。"这段话不仅可以反映出冒襄出身于官宦之家，而且小小年纪的他就自然地接触到了兰花，这是在写他所见到的兰花。

　　又有当官的伯祖父因公调去福建，在他回来后介绍福建那里的兰，叶子直立，花白色，芳香十倍于江西的兰花，这是写他听到别人介绍的兰花。

　　随后，又因祖父调离官职从江西来到西蜀，小冒襄因此也跟着去了四川，在那里又让他见到了玉梗、春剑、素心等川兰。随着周游地的不断增多，他亲自接触到的各种兰花也就越积越多，有赣兰、闽兰、湘兰还有蜀兰等等，眼界已不断扩大。

　　明崇祯三年（1630）春，年仅二十岁的冒襄去京城参加科举会试，录取为副榜贡生，被推官台州，此时有机会认识了曾一起赶考的许多志同道合的朋友，他们相互赠诗、和诗，借兰寄托自己的理想和抱负。不久冒襄将自己所收集到的许多诗稿，经整理以后就编辑出版了《同心之言集》。令他万万没有想到的是此书在成书若干年之后，竟被清朝统治者列为禁书。

崇祯十七年（1644），明为清所灭，这年冒襄三十四岁，年轻气盛，亡国的耻辱震撼在他的心头，他对清朝官场从此更是心意冷落，曾多次拒绝清朝官吏的荐举邀请，不愿再为官而选择归隐，终日过着以诗文为友，以兰蕙为伴的日子。

何谓兰言？"言"意为学说，兰言就是关于兰花的学说。文首，作者引用古代名人对兰赞崇的言辞：有孔子琴曲《猗兰操》里赞兰是"王者香"，有老子等人赞"兰为百草之长"，又有《齐都赋》《汉书》《楚辞》《幽兰赋》等许多书中对兰蕙的赞美尤佳。是圣人、名人们确立起兰如君子的高尚身位，奠定了兰为"国香"的显赫地位。

《兰言》所叙文体该是今人所说的散文、随笔之类，有叙事，有写人，夹叙夹议，自由自在，不仅内容丰富，构思也极为巧妙。全文几乎都是自己对故人和往事的追忆，叙写的每个事件都贯穿着一个联系到"兰"有关的内容。现试举数例跟大家讨论。

《兰言》所写的人有很多，但主要的有五个，第一个人是在冒襄自己二十岁时上京城去赶考，与一起来京赶考的谭友夏相遇，年轻的同心文友初次见面，心里甭说有多喜悦！文字所书热情奔放。据考，谭友夏是湖北广陵人，其父早亡，靠寡母辛苦操持，将其兄弟六人，个个抚养长大。排行长子的友夏，幼时已显出超人的艺术才华，以博学多闻称道于乡里，不但自己刻苦学习，还督促辅导兄弟们，谭以孝悌出名。后来五个弟弟均都有了功名。

排行大哥的谭友夏因对当时空疏的学风文风颇感厌倦，想别立新的一种艺术风格匡正俗弊，正好有机会与当时大文学家钟惺合编了《唐诗归》和《古诗归》，人称"竟陵派"。谭友夏虽然才情高，名气大，但在科举路上一直不顺，虽很早入学应试，却屡屡不能得中，其几个兄弟已早早的中了进士、举人，而他还是个不第的秀才。冒襄与谭友夏有过类似的共同经历与遭遇，自然成了其利断金的同心之友，不久谭友夏给冒襄寄以《雪兰辞》为题的上阕："兰生石中，一茎一花，花开如雪"，并向冒襄索和。冒襄则以："楚人赏兰，古有殷红，今有白雪"，补为下阕相和，表达两人共同追求净洁如雪的精神境界。

冒襄写的第二个人是爱妾吴美兰（扣扣），吴原是冒家婢女，自小在冒家长大，聪颖美貌过人，她长期跟冒襄和董小宛读书学习，爱兰莳兰，写字绘画，知书达礼，与冒一家人的关系也十分融洽，冒母对她尤为喜欢，早就是亲密一家人了。冒襄五十一岁时，已是清顺治十八年（1661），当时冒因事逗留在扬州。某日，忽收到家中小妾扣扣所寄书笺，其中有"见兰之受露，感人之离思"的佳句，短短十个字，使冒襄看得心海里大为涌动，觉得爱妾有见物思情的深刻感怀。不久，当他归家见到爱妾时就情不自禁地问起小笺上的"十字对仗句"是否是你自己见物思情所感？在丈夫面前，吴没有故作之态，而是态度认真地说出自己改句、删字的实话。这更使冒襄倍感爱妾心地坦荡诚实的真情。回忆文章到此戛然而止，笔锋一转，内容变为心中的忧伤和隐痛，"爱妾美丽的身影化作影梅庵畔的黄土，已十三年了"。这是写心中对已故亲人深切怀念之情。

冒襄写的第三个人是以藤箱里发现的一本《鸡足山志》为起因，自然地引出与此书有关系的作者大错和尚。和尚原名钱邦艺，是明末清初的诗文家和学者，曾在明永历王朝作官，在明末前曾任四川巡按，清初则隐居在贵州庆余县蒲村，那里山峰竞秀，古木参天。山上有寺庙三四十，庵院七八十。明末清初时，清兵入川，农民起义军头领孙可望等人攻取遵义，自立为秦王，骄横强暴，钱邦艺因颇有声望，故孙可望仍要他入朝为官，三年间曾十三次派人持刀逼召，钱心中感知其狼子野性，则多次拒召，此时钱邦艺在山间，巧遇上正在四方寻师的高僧"担当"和尚，两人相遇，一谈投机，以茶代酒，吟诗作对，直在山里盘桓数月后，钱邦艺即毅然削发为僧，释名"大错"，并笔墨添趣，

"担当"和尚作上阕：东方欲晓天下识，

"大错"和尚接下阕：文采风流一担当。

冒襄与钱邦芑一样曾都是明朝官员，是反清复明的有志之士，俩人又是江苏同乡，原本就是志同道合的挚友，后来的共同遭遇更加深了他们间共同的爱恨情仇。因此冒襄赞"大错"和尚与鸡足山上的名花雪兰如冰清玉洁的伉俪。

冒襄又以内容褒贬对比的形式写了四五两个人，一位是任官的晋人罗含，德高望重，他谢官回家时见庭阶间有兰菊聚生，充满一派祥瑞之气；另一人是游曲江的年轻人霍定伙同他人翻墙偷来兰花卖钱，这般赤裸裸假装豪放不羁的行为，实是不守法度，大大玷污了"国香"的高贵形象。

《兰言》内容所叙，丰富而写实，内容处处不忘联系兰花，涉及历史、地域、山水、人物等等，没有一处是虚构的情节，不愧是位大作家的文章，秀美无比。全文所叙之事，当比写人的更多，我们仅选文中数例与朋友们共赏。

其一，文中描写"道出湘浦，九畹百亩，极目错趾，无非香草，膏香粉郁，披拂飘香。"这是作者描写的湘南大地，远近山间没有不长着兰花的自然环境，他以自己亲见过不仅是"九畹十亩"更夸张地用上"九畹百亩"这样一望无际的大世面，批判某些腐儒与某些兰谱的作者视野短浅，说实在他们并不真知那"九畹百亩"的深刻含义，只是凭借自己见过几席上赏玩的几枝兰花，从而他们把想象当成自己丰富的经历和见识，就这样就可以滔滔地说个没完没了，动辄还以"九畹百亩"唬人，骗人。

其二，"兰，香草也，散生山谷，紫茎赤节，绿叶光润，一秆一花，幽香清远，或白或紫或浅碧，尝开于春初，实吐苞于深秋，含萼于三冬，冰霜之下，高深自如，雨露初濡，挺芳可至初夏……君子之交，淡而可久若此。"冒襄笔下的兰花，俊美可爱，历经清秋寒冬磨砺，具有君子的品性和英雄的本色。在本段结尾处作者点出所蕴蓄的内涵则犹如君子之交那样。

随后文章由叙述转为议论，作者提出了自己对古来某些诗文所叙内容的质疑与批判：首先认为对柔美的兰花应以湘水之神女英、娥王那样妩媚的形象作比才是合适，用凶猛残暴的动物作比，于形象于精神都不贴切；其次还以曹操把绿叶紫花的蕙草当作香草来薰香的谬事提出反诘，这岂是古时有氤氲之气的兰麝吗？

查考冒襄简历，他写此书正是六十五岁时，已过了人生花甲之年。此文应是所谓的"怀旧之作"了，历来受到大家的喜欢，还被《四库全书》收集。写人往往离不开叙事，实在难将它们作机械地分割。

最后，我们该提及一下杨炯的《幽兰赋》，是篇优秀的古诗文，在中国文学史和中国兰花文化史上都享有很高的声誉，关于赋里"锡嘉名于龙虎"这句话，拟简单作解，古人称龙为"四灵"之一，喻了不起的人，如皇帝、名士等；虎，在《易》中属乾，喻变化莫测的贤人。李太白有诗曰："大贤虎变愚不测，当年颇似寻常人"之句，所以龙虎合起来应喻为高人、贤人、名士、幽人，我们应从"威严""有声望"的角度去看待和理解龙虎这一比拟的内涵，所以杨炯对这一比拟的运用应是没有错的。

艺兰记

清·刘文淇[1] 孟澹 著
莫磊 译注

刘文淇先生遗像

庚子秋月石三

兰有方舌、圆舌、刘海舌[2]，尖而下垂者最劣。尖而返托者为执圭舌，圆而有尖下垂者为滴水舌，全白者为素心。舌上有淡红点者名浅色舌，"墙"[3]有红者名映腮，又名桃腮，又有"心"[4]红而舌白者名白舌。此其大凡也。

注释

[1] 刘文淇 （1789—1854），江苏仪征人，清代著名学者，训诂学家，史称"扬州乾嘉学派"，曾在扬州广储门外的梅花书院授业。著有《春秋左氏传旧注疏证》《左氏旧疏考证》《楚汉诸侯疆域志》等。故居在今扬州市区东圈门"青溪旧屋"，一生深爱兰花，晚年则根据自己的艺兰实践，写有《艺兰记》一书。

[2] 刘海舌 舌形短宽圆厚，尖端略垂，如女孩之额发。

[3] "墙" 比喻兰的唇瓣根部左右两边即"腮"部。

[4] "心" 比喻兰花唇瓣根部位置在兰花中间的俗称。

今译

兰的舌形变化很多，有方舌、圆舌、刘海舌等，其中以舌端尖长而下垂的形状为最差。有端部虽尖却不下垂而反向上挺起的称执圭舌；有圆形舌而端部略显尖垂的称滴水舌（形似古代屋面每条檐沟的第一片瓦，即今称之如意舌），整花全白的称素心花。舌部有淡红点的称浅色舌；腮部有红斑的称映腮，又称桃腮；舌根部（喉部）红而其余为全白的称为白舌。这些，仅仅是兰花舌形的大概而已。

养兰口诀[1]

◎ 正月安排在坎方[2]，离明相对向阳光；晨昏日晒都休管，春夏兰新，栽皆不宜日晒，要使苍颜[3]不改常。

◎二月栽培其实难，须防叶作鹧鸪斑[4]；四围插竹防风折，惜叶犹如惜玉环。

◎三月新条出旧丛，花盆切忌向西风；提防湿处多生虱，根下犹嫌大粪浓。以猪血和清水灌之甚佳。

◎四月庭中日仁炎[5]，盆间泥土立时干；新鲜井水休灌浇，腻水[6]时倾味最甜。

◎五月新芽满旧窠，绿荫深处最平和；此时叶退从他性，剪了之时愈见多。

◎六月骄阳暑气加，芬芳枝叶正生花；凉亭水阁堪安顿，或向檐前作架遮。

◎七月虽是暑渐消，只宜三日一番浇；最嫌蚯蚓伤根本，苦皂[7]煎汤尿汁调。

◎八月天时稍渐凉，任他风日也无妨；经年污水今须换，却用鸡毛浸水浆[8]。

◎九月时中有薄霜，阶前檐下慎行藏；若生蝼蚁妨黄肿，叶洒油茶庶不伤。

◎十月阳春煖气回，来年花笋又胚胎；幽根不露真奇法，盆满尤须急换栽。

◎十一月天宜向阳，夜间须要慎行藏；常教土面生微湿，干燥之时叶便黄。

◎腊月风寒雪又飞，严收煖处保孙枝[9]；直教冻解春司令，移向庭前对日晖。

注释

[1] **养兰口诀** 据查考本书所载的"养兰口诀"，是作者引自艺兰前辈李愿中所写的《艺兰月令》，料想是因作者刘文淇认为"月令"曾经对于自己及当时社会兰人莳兰所起过的指导作用，他赞赏"月令"，肯定"月令"的作用。出于对艺兰前辈的尊重，本书作者特将它放在自己的著述之前向读者作全面介绍。"口诀"中的某些意思，对照今天养兰科学水准发展而言，可能稍有偏颇，望读者在实践中有选择性地参考应用。

[2] **坎方** 八卦之一坎，位于正北方；与之相对的为九离，位于正南方（后天八卦）。口诀是说正月天气尚冷，兰盆要放在坐北朝南处，使兰能接受到较多阳光。

[3] **苍颜** 苍：绿色；意为兰的叶色鲜绿。

[4] **鹧鸪斑** 鹧鸪：鸟名。全身羽毛有小黑点，形容兰因受湿热而致叶上泛起褐色斑点像鹧鸪鸟羽毛状。

[5] **日仨炎** 即兰花经阳光三时之晒，盆土干得很快。

[6] **腻水** 肥沃之水。

[7] **苦皂** 又名皂角、皂荚，落叶乔木，枝上有刺，羽状复叶，小叶卵形或长卵形，总状花序，花淡黄色，扁平荚果。可代替肥皂洗衣。口诀介绍这种荚果泡的水可以在七月浇兰，还能把蚯蚓驱走。

[8] **鸡毛浸水浆** 把鸡毛放水中沤制数月经充分腐熟，可将原液用清水稀释后用作兰的有机肥。

[9] **保孙枝** 保：抚养；孙枝：兰苗通常分老中青三代，前年草称爷代，去年草称父代，当年新草为孙代，兰花新草娇嫩，故需特别保护孙枝（最新一代）。

◎正月兰盆坐北方，朝东尽早见阳光；晨昏日晒都休管，要使苍颜不改常。

到了来年春天，去年秋时新栽的兰花，皆可受朝日、夕日之晒。

◎二月栽培其实难，须防叶生鹧鸪斑；四围插竹防草折，惜叶犹如惜玉环。

鹧鸪斑即褐斑病，乃浇水通风不畅所致。

◎三月新条出旧丛，花盆切忌迎西风；提防湿处多生虱，根下犹嫌粪太浓。

猪血须经发酵，再和清水稀释灌之，甚佳。

◎四月兰盆日仁炎，盆中泥土立时干；新鲜井水休浇灌，腻水时倾味最甜。

此时气温渐增，盆兰每日须三时之晒，浇水周期要适当缩短，可浇几次淡肥水，以促新芽长出。

◎五月新芽满旧窠，绿荫深处最平和；此时叶退从他性，剪了之时越见多。

老叶枯退，新芽速长，此时须盖疏缝芦帘遮阳。

◎六月骄阳暑气加，芬芳枝叶正生花；凉亭水阁堪安顿，或向檐前搭架遮。

高温季节，兰盆宜置放于近水边通风处，上需盖密缝芦帘。

◎七月虽炎暑渐消，只宜三日一番浇；最嫌蚯蚓伤根本，苦皂煎汤尿汁调。

现今我国无论南北方，此时仍都高温未退，防暑仍不可大意。

◎八月天时稍渐凉，任他风日也无妨；经年污水今须换，用肥鸡毛浸水浆。

气温白天仍热，早晚稍有凉意，此时仍不可减少浇水，下旬可适量浇些肥水。

◎九月时中有薄霜，阶前檐下慎行藏；蝼蚁作窝伤兰根，叶洒茶汁庶可防。

此时为翻盆的最好时节。蝼蚁进盆作窝伤根，浇以茶汁水即可驱之，不可掺油。

◎十月阳春暖气回，来年花笋又胚胎；幽根不露真奇法，盆满尤须急换栽。

用泥盖住露在盆面上的根。若苗过多，此时尚可分栽。

◎十一月兰宜向阳，夜间需要慎行藏；常教土面生微湿，干燥之时叶便黄。

白天，兰可置向阳暖处，夜晚，宜进房防寒，盆泥要保持微湿，不可过干或过湿。

◎ 腊月风寒雪又飞，严收暖处保孙枝；须等冻解春司令，移向庭前对日晖。

十二月，兰花须入房御寒保暖，新草尤不可冻，静待春天来到的消息。

种植

性喜阴，女子同种则香。《淮南子》[1]曰："男子种兰，美而不芳。"其茎叶柔细，生幽谷竹林中者，宿根[2]移植，腻土多不活，即活，亦不多开花。茎叶肥大而翠劲可爱者，率[3]自闽广移来。种法：九月终，将旧盆轻击碎，缓缓挑起旧本，删去老根，勿伤细根。取有窍[4]新盆，用粗碗复窍，以皮屑、尿缸瓦片，铺盆底，仍用泥沙半填。取三季者[5]三篦[6]作一盆，互相枕藉，新篦在外，分种之。糁土拥培，勿用手捧捺实，使根不舒畅。长满[7]后复分，大约以二岁为度。盆须架起，仍不可着泥，恐蚯蚓、蝼蚁入孔伤根。令风从孔进，透气为佳。十月时花已胎孕，不可分。若见霜雪大寒，尤不可分，否则必至损花；分之，次年不可发花，恐泄其气[8]，则叶不长。凡善于养花，切须爱其叶，叶耸[9]则不虑花之不茂也。

🌸注释

[1] 《淮南子》　古书名，亦称《淮南鸿烈》，西汉淮南王刘安及其门客

苏菲、李尚、伍被等著，分外篇与内篇，外篇以论道为内容，内篇以杂说为内容，书中保存了许多古代自然科学史材料，注本有东汉高诱《淮南鸿烈解》。

[2] 宿根　多年生草本植物的根，地上部茎叶枯萎之后，来年春天，根部又可分化出新芽，继续生长新苗，如地下寄宿一冬，故称其根为宿根。

[3] 率（shuài）　率先。

[4] 窍　窍：洞，孔。指盆底的排水孔。

[5] 三季者　喻兰蕙老中青植株如爷、子、孙三代草相连成一块，亦称三代一篼。

[6] 三篼　即三块三代草合栽于同一盆里。

[7] 长满　指植于盆中的兰株，数年生发后整盆满布状。

[8] 恐泄其气　恐：担忧，忧虑；泄：流失；气：喻营养物质。担忧植株体内营养物质流失，从而造成植株生长不良的后果。

[9] 叶耸　耸：有生气。即兰株生长挺拔秀美，生长势兴旺。

兰的本性喜阴。男子如能同女子一起来种（夫妻同心育兰），兰就会特别健壮芳香。所以古书《淮南子》说到："男子种兰，美而不芳。"的说法，使人总觉偏颇。

　　我们所栽那些茎叶柔细的兰，生长在深山竹林里，移栽时，可挖取它们的宿根，不可用肥土来栽，因兰的本性并不喜肥土，即使勉强栽活，长势也不会强，开花必然减少。

　　我们所栽的那些茎叶肥大，苍翠可爱的兰，大都引种于广东和福建。具体翻种方法是到九月底时，先把原来栽着兰的老盆敲碎，轻轻取出兰草，剪除腐根老根，保留新根白根，把大盆兰草，按老中青三代各一株合为一块，如此将它们分拆好。接着选取盆底有排水孔的新盆，用粗瓷碗作"水罩"，覆盖在排水孔上。再用皮屑和碎尿缸版铺上作排水层。并取用准备好的泥沙作植料，填到盆高的一半时，则取三块为一盆（三块共九株）放入盆内，注意要让根相互间能相依相让，并做到老草向盆心，新草朝盆外。然后加足培养土并留好"水口"。土松根易发，所以手不可把泥土撤得过实。

　　兰花翻盆新栽后，时间应以两年之后，新草又成满盆为度，那时又当再次敲盆翻种。

　　兰盆需要架起，盆外盆底更需保持清洁，不可着泥，以防蚯蚓、蝼蛄和蚂蚁等昆虫从排水孔入盆伤根，并能保持盆内外空气畅通。到了十月，兰花又怀新胎，此时已经近冬，不可再分株。若遇霜雪大寒天，更不可分；分则定会泄其气，必致损花，来年不会长叶就难发花了。一位善于种花的人，必须切记惜草爱叶。兰叶挺秀而有生气，就不愁花开不繁茂。

位置

　　兰性好通风。台不可太高，高则冲[1]阳；亦不可太低，低则隐风。地不必旷[2]，旷则有日；亦不可狭，狭则蔽气[3]。前宜面南，后宜背北。盖欲通南薰[4]而吹，障[5]北吹也。右宜近林，左宜近野。欲引东日而被西阳也。夏遇炎烈则阴之，冬逢沍[6]寒则曝之。沙欲疏，疏则连雨而不能霪[7]。上沙欲濡[8]，濡则酷日不能燥。至于插引叶之架，平护根之沙防蚯蚓之伤，禁蝼蚁之穴，去其莠草[9]，除其网丝[10]，助其新箄，剪其败叶，尤当一一留意者也。

注释

[1]　冲　古时五行家称相对为冲。
[2]　旷　宽广。
[3]　蔽气　蔽：遮挡。即空气憋闷不畅通。
[4]　南薰　和暖的南风。
[5]　障　阻挡。
[6]　逢沍寒　逢：遇到；沍（hù）寒：非常寒冷。
[7]　霪　霪（yín）：雨水丰沛。意为长雨天气。

[8] 濡　浸泡于水。

[9] 莠草　莠（yǒu）：野草。

[10] 网丝　蜘蛛用分泌出的细黏丝而结起的丝网来捕食昆虫，这蛛丝缠绕兰株上，是不利兰生长的。

今译

　　兰性喜通风。置放兰盆的兰台不可搭得太高（注：约1米左右），若太高，阳光就会显得过盛；也不可太低，若太低，风就会显得不足。场地不需过于宽广，否则过多接受阳光，致环境温度过高；场地也不可太狭小，否则会显得郁闷，致使风不能畅通。

　　场地位置以坐北朝南为佳，这样既可以接受南风又能阻挡北风。西宜靠林子，东宜近田野，如此可迎来朝日遮挡西阳。夏天里烈日炎炎，要及时盖帘遮阴；冬天里冰雪严寒，要尽多日照取暖。盆泥（沙）要疏松透气，遇连绵阴雨时不会沉溺；盆面土（上沙）要保持潮润，遇烈日时不至于干燥。

　　另外如盆边插竹条扎架，应引叶、护叶，松土加土保根，提防蚯蚓伤根和蝼蛄蚂蚁作窝，拔除野草，抹去蛛丝，剪去败叶，帮助新草健康成长，所有这些工作，尤须一一地重视关照，时刻地去留意做好。

修整

花时若枝上蕊多，留其壮大者，去其瘦小。若留之开尽，则夺来年花信[1]。性畏寒暑[2]，尤忌尘埃，叶上有尘，即当涤[3]去。兰有四戒：春不出，夏不入，秋不干，冬不湿。养兰者不可不知。

注释

[1] 花信　植株显现出要开花的征兆。
[2] 性畏寒暑　性，花的生物学特性；畏寒暑：怕冷又怕热。
[3] 涤　清洗。

今译

开花前，见兰梗上花苞过多，可留住壮大的，摘除瘦小的。如果不重视花苞的取舍工作，任它们通通开放，其结果是营养耗尽，来年就无花可看了！兰的本性是春、冬怕冷，夏、秋怕热，尤其不喜尘埃，一见叶上有脏，就应立即动手洗去。

兰有四戒：春天常遇冷，不可随便出房；夏天特闷热，通风该是第一；秋时天气干热，花如人特"口渴"；冬天半休眠，盆泥要偏干。这是一年里的管理大要，养兰的人啊你不可不知！

浇灌

春二三月，无霜雪时，放盆[1]在露天。放盆在露天，当以清明为度，早则恐有霜雪春寒之患。四面皆得浇水。浇用雨水、河水、皮屑水[2]、鱼腥水、鸡毛水[3]、浴汤。夏用皂角水、豆汁水[4]。秋用炉灰清水。最忌井水。须四面匀灌。案水须四面匀灌，以下皆谓宿花[5]而言，若新栽之花，则用喷壶浇之。勿得洒下[6]，致令叶黄，黄则清茶涤之，日晒不妨。逢十分大雨，恐坠其叶，用小绳束起。如连雨三五日，须移避雨通风处。四月至七月，须用疏密得所竹篮遮护，置见日色通风处。浇须五更或日未出一番，黄昏一番。又须看干湿，湿则勿浇。梅天忽逢大雨，须移盆向背日处，若雨过即晒，盆内水热，则荡叶伤根[7]。七八月时，骄阳方炽[8]，失水则黄，当以腥水或腐秽[9]浇之，以防秋风肃杀[10]之患。九月盆干，用水浇湿，湿则不浇。十月至正月不浇不妨。最怕霜雪，更怕春雪，一点着叶，一叶即毙，用密蓝遮护。安[11]朝阳日照处，南窗檐下。须二三日一番旋转，使日晒匀，则四面皆花。用肥之时，当俟沙土干燥，遇晚方始灌溉。候晓以清水碗许浇之，使肥腻之物，得以下渍其根[12]。或云春兰、夏兰及建兰素龙崖，皆不宜用肥，惟瀿兰[13]用肥亦不能多，秋冬浇一二次足矣。自无勾蔓，逆上，散乱，盘盆之患。更能预以瓮缸之属，储蓄雨水。积久色绿者，间或灌之，其叶浡然[14]挺秀，濯然争茂[15]。盈台簇栏[16]，列翠罗青[17]。纵无花开，亦见雅洁[18]。

注释

[1] 放盆　将置放在室内育冬的盆花搬移到室外。

[2] 皮屑水　古人曾拣取牛羊皮角碎料，经长期水中浸泡，其水经稀释后可作兰肥。

[3] 鱼腥水、鸡毛水　把鱼鳃、鱼鳞等下脚料或鸡鸭毛，经沤熟后，将原液掺清水稀释后用作兰肥。

[4] 豆汁水　把大豆或其他豆类、花生等煮熟后倒于罐内加水沤熟，其汁经清水稀释后可用作兰肥。

[5] 宿花　即隔年或多年生长的兰花。

[6] 勿得洒下　勿得：不可以；洒下：直接用水淋浇。

[7] 荡叶伤根　指兰株经大风雨吹打后根叶受到严重损害。

[8] 骄阳方炽　骄阳：阳光强烈；方：正是；炽：燃烧，形容阳光强烈似火烧一般。

[9] 腥水或腐秽　鱼腥水、米泔水、青草汁水沤熟之后。

[10] 肃杀　即秋风严酷萧瑟。

[11] 安　放也。

[12] **下渍其根**　即兰在施肥后须及时补浇清水，使肥分能继续被兰根所吸收，以避免因土壤肥分高而反从根内细胞倒吸水分。

[13] **赣兰**　即江西一带山里所产虔兰，又称赣兰。

[14] **浡然**　浡（bó）：兴起的样子。指兰苗突然长高长多。

[15] **濯然争茂**　濯（zhuó）：肥泽；茂：茂盛。形容兰苗长得壮美，茂盛。

[16] **盈台簇栏**　盈：满，多；簇：拥挤。形容兰台上栏杆间满是兰花。

[17] **列翠罗青**　列：排列；罗：广泛搜集。

[18] **雅洁**　高雅圣洁。

　　春二三月间，不见霜雪时，兰盆可搬移出露天摆放，时日当以清明节为界，若过早出房，怕再遇有霜雪春寒等后患。给兰浇水要沿盆一圈通通浇到，用雨水、河水、皮屑水、鱼腥水、鸡毛水及浴汤。夏时用皂角水、豆汁水；秋时用炉灰清水。最忌井水（案："老盆口草"给水，须四面匀灌；上盆新草给水，可用喷壶。）。浇水时，水不得洒至叶上，会致兰叶发黄，如见有叶发黄，可用清茶洗叶，浇水后可以日晒。若遇有十分大雨，雨水重力足使兰叶下垂，可事先用细绳将兰叶束起，做好预防工作。若遇三五日连续大雨，须移盆至可避雨又通风处。

　　四月至七月阳光强烈，须选疏密得当的竹篮，盖护兰盆，既可遮日又能通风。此时浇水须待五更时，或者在日出前和黄昏时各浇一次。浇水还要看盆土具体干湿情况，若湿，就不用浇，不可死板。梅雨天忽然遇到大雨，必须移盆到通风的阴处，若雨过即晒太阳，会致盆内泥水变热，烫伤兰根，摧枯兰叶。

　　七八月里正是骄阳似火时，若盆兰失水，叶就变黄，得赶快用鱼腥水或腐熟的肥水稀释后来浇（注：补充肥料），也可防秋风肃杀之患。九月盆泥干，可用清水浇湿，如见泥湿就不用浇。十月至来年正月，兰花盆土不浇水无妨，此时最怕是霜雪，尤怕春雪，只一点雪花着叶，则整片叶就会无救。可用密缝篮遮护，把兰盆安置在有朝阳的南窗檐下，每过两三天，转动一下兰盆位置，使盆中的兰都能均匀得到光照，花时就会开得整盆齐整丰满。

　　给兰施肥，应等砂土（盆泥）干燥，待傍晚时才开始施浇，到第二天晨间，再以清水一碗左右浇入施过肥的盆里（注：称回头水），使肥水能下渍到根（案：有人说春兰、夏兰及建兰龙崖素，都不适宜施肥。唯赣兰可少量施肥，秋冬之时浇一二次即可。）。这样兰根就没有拖勾、上翘、散乱、蟠卷等弊病。更应事先准备数只较大型的缸瓮之类，里面能积储起雨水，日久会色绿，过些日子就可以浇上一次，数次浇后就会感到兰叶在刹那间突然长高似的，一眼望去只觉壮美了许多。这兰台上、栏杆间，成丛成簇都是兰花，犹如是盛大的兰花展会。看，一盆盆油绿的兰整整齐齐在这里陈列着，它们是从四面八方被搜集到这里来的，即使眼前没见花开，但它们这高雅圣洁的形象，也足够使人陶醉！

收藏

　　冬作草囤[1]，比兰高二三寸。寒时将兰顿[2]在中，覆以盖。十余日，河水微浇一次。待春分后去囤，或春分前，天已大暖，亦可去囤，是兰皆怕杜以前风。只在屋内勿见风。如上有枯叶，剪去。待大暖，方可出外见春风。春寒时亦要进屋。常以洗鲜鱼血水，并积雨水，或皮屑浸水，苦茶[3]灌之。

注释

[1] 草囤（dùn）　用稻草或茅草盘扎成的圆桶状物，称草囤。把兰连盆置放囤里，可起到过冬保暖作用。

[2] 顿　即安顿，或称摆放，安置。

[3] 苦茶　苦丁茶，俗称野茶、苦茶，常绿乔木，叶椭圆形，花色粉红，蒴果，叶可代茶，有利健康。

冬季里，为帮兰御寒，江南兰人常用稻草扎成束，然后将草束一圈圈盘结成圆筒形并扎好配套圆盖，俗称为"草囤窠"，总高度约超过兰二至三寸。当天气寒冷时，可将盆兰放进草囤内，并盖上盖子，让其在草囤里安然越冬，约过十日左右，可打开草囤盖，用存于室内的河水，沿盆边适量浇上一圈，直待到春分节后，可以出囤为止。（案：若春分前天气已大暖，兰可提前出囤，注意此时所有兰都怕风）但此时的兰仍须置放室内，不可移出见风。发现盆内有枯叶，可以剪去。

　　须待天气大暖时，兰花才可以出房去接受春风，若又遇春寒时，兰花仍须及时进房。此时常以新鲜鱼的血红水，或积储在缸里的雨水、皮屑水、苦丁茶水用来浇灌兰花。

卫护

忽然叶生白点，谓之兰虱[1]，用竹针轻轻剔去。如不尽，用鱼腥水或煮蚌汤[2]，尽洒之，即灭。或研蒜[3]和水，新羊毛笔蘸洗去。珍珠兰[4]（如有"兰虱"），法同。盆须安顿树荫下。如盆内有蚓，用小便浇出，移蚓他处，旋[5]以清水解之。如有蚁，用腥骨或肉引而弃之。

注释

[1] 兰虱　介壳虫。
[2] 煮蚌汤　取在淡水中生长的河蚌肉放水煎煮，不需沤腐，待冷却后，用毛笔蘸蚌汤搽擦患处，虫会自行脱落。
[3] 研蒜　用新鲜大蒜头捣烂研成细末，适量加水后用毛笔蘸着涂叶。
[4] 珍珠兰　俗名鱼子兰、金粟兰，常绿灌木，枝干柔弱，花浅黄似鱼卵，香气如兰，可窨茶。
[5] 旋　旋即，立刻。

好好的一盆兰，忽然发现叶面或叶背上生有白点，这就是"兰虱"，少量可用竹针将它轻轻剔去。若较多，难除净，可用鲜鱼腥血水或煮蚌汤水淋洒兰叶数次，即可消灭。或将大蒜头研末后少量加水，用新的羊毛笔蘸着涂患处，将其除去。珍珠兰上如有"兰虱"，则可用同法除之。兰盆须置放在树荫下。如发现盆内有蚯蚓，可用小便一浇，必会自行爬出换个环境。特别要注意的是因小便浓度过高，兰根极易受损，应立即汲来清洁河水，经几次灌浇盆泥，务把小便冲净。盆内若发现有蚂蚁作窝，可用肉骨头将它们引出。

酿土^[1]

用泥不拘，大要^[2]先于梅雨后，取沟内肥泥曝干，罗细^[3]备用。或取山上有火烧处，水冲浮泥^[4]，再寻蕨菜^[5]待枯。以前泥薄覆草土，再铺草，再加泥。如此三四层，以火烧之。浇入粪，干则再加。再烧数次，待干取用。一云将山土用水和匀，博茶瓯大^[6]，猛火煅红。火煅者，恐蚁蚓伤根也。锤碎，拌鸡粪待用。如此蓄之，何患花之不茂？

注释

[1] 酿土　酿：配制。须由人工配制而成的培养土。

[2] 大要　概要。

[3] 罗细　罗：筛子；细：细粒土。意为用筛子筛出粗物，留下细粒土。

[4] 水冲浮泥　山石缝间，由流水冲积而成的黑色表土（腐叶土）。

[5] 蕨菜　蘁，俗名"狼鸡草"，属蕨类植物。

[6] 博茶瓯大　博：用手击打；茶瓯：茶盅。即培养土经击打后，再用手制作成一块块如茶盅那么大的泥饼。

用泥不拘一格，大致做法是：先在梅雨后取来沟内肥泥，经日暴晒至干，再经筛子筛过，去掉杂物，留下细泥备用。

一种做法是在山上寻找有可以烧火的地方，取来水冲积处的泥土，并找蕨菜等野草将其晒干，再把"冲积土"薄薄地覆盖一层在干草上，接着再盖草，又盖泥，如此往复到三四层厚，就可点火烧起。稍后即可浇入人粪，见干了再加，如此这般地反复数次，待干后就可取用。

还有一种做法是将山土用水拌和均匀，再把泥做成如茶盅那样大小的泥块，后用猛火将其烧红。这样做可防蚂蚁蚯蚓伤根。冷却后把它们打碎，并拌上鸡粪备用。

呵呵，如此精心制土，还忧虑花会开得不够繁茂吗！

《艺兰记》特色点评

莫磊 / 撰文

　　《艺兰记》作者刘文淇先生（1789—1854），字孟瞻，江苏仪征人。他是清朝乾隆、咸丰年间的一位学者，训诂家，曾长期在扬州广聚门外的"梅花书院"收弟子授业，著作有《春秋左氏传旧注疏证》《左传旧疏考证》《楚汉诸侯疆域志》等。刘先生一生喜爱兰花，还在自己所住"青溪书屋"院落的第一进厅房西阁辟有养兰小轩，挂匾书"兰榭"二字，想来这里曾是刘公生前植兰的处所。

　　本书开头无序，一下令人琢磨不透。写过多册书的一位老学者，怎会这么不讲究？更令人不解的是他把离他生活有好几百年之久，宋朝时曾在福建延平任知府的李愿中所写的《艺兰月令》改了个"养兰口诀"的新名，放在自己的书首来作介绍，这究竟是为什么？我们只能设想一下，大概是因为作者对这自宋朝传承下来的《艺兰月令》有着特别崇拜和赏识的情怀，他深感这民谣似的"月令"，曾指导过自己整个的艺兰实践活动，认为它的内容既全面又简洁明了，读来朗朗顺口，易记易做，不多的文字把十二个月里莳兰的主要工作都涉及到了。我们不妨细细体会一下这"月令"的作用，不就是现成替代了本书的一个序吗？心中不禁肃然佩服起老先生的一片苦心，他应是有意作了这样与众不同的安排。

　　我们研究刘公的《艺兰记》，还发现有两个特别之处，第一个特别处是本书的开头，在没有一句话作铺垫的情况下就突然孤立地叙述起兰有方舌、圆舌、刘海舌、桃腮舌、白舌等等不同形状，令人好感突然；另一个特别处是正文第一段"种植"的开头，说："其茎叶柔细，生幽谷竹林中者，宿根移植，腻土的不活，即活，亦不多开花。"看这两处内容是不是都有点突然？所以有人要问，这书刚开头就没头没脑地写上许多舌型和生于竹林中的兰干嘛？我们不妨细细想想这些话，哦！似乎隐约知道了数百年前的时候，莳养建兰是当时兰人的时兴，刘公也爱建兰，但从兰花文献里可查得，古今兰人对建兰形意的美学研究与欣赏，在程度上似乎远没有对家乡春蕙兰那么的讲究与深入，从历史发展地看，作者所描述的"叶柔细，生于竹林"的兰，不就是家乡江浙山上的春蕙兰吗？它们正处于乘时为帝，不断兴起的时候。而史上曾一度热火多少代的建兰，正不断走下坡路，它们曾经红火的地位将逐渐被江浙兰蕙所替代。再以书里叙述"舌"的形态特征内容为依据，我们也真切地号到了兰人们对兰花的鉴赏已经有了相当讲究瓣型特征的时代脉搏，也能清楚感知到彼时（晚清）所说的舌型意思与今时所讲究的瓣型理论中的舌型，实在已无多大的差别，这就是大势所趋的无情历史。

遥想当时的刘公该已是位鹤发银须的老者了，或许已经很少出门，他所听到的消息全靠友人去他家造访时传递。当他听兰友叙说起对舌型等内容的讲究时，心里骤然生起特有的新鲜感来。他不但认真倾听，还在随后自己写《艺兰记》时，竟抑制不住内心的激动，就急匆匆地要把"舌"型的讲究，写在自己书的最开头处，生怕会被遗忘似的，充分流露出刘公对待新事物的热情。

刘文淇先生写《艺兰记》已是暮年之时，老人家虽是位老学究，却没有大文人高人一等的心理，生活中的他极为平易近人，先后曾有多少人向他提出过要他写本兰书的愿望。他当然想尽力满足，构思中回顾自己"是怎样种兰花的"，想过一阵子之后，他动手了，一卷《艺兰记》的书就是在这样的氛围里写成。纵观全书共七章，内容写得扼要简明，朴实无华，以围绕兰所具有的天性而展开全文，如喜阳、喜润、喜春雨、喜微风、喜透气、喜温暖；怕寒冷、怕闷热、怕骄阳、怕雷雨、怕大风等等，并借鉴《兰谱奥法》《兰易》等古书里的某些观点。初看此书，似觉有点平淡，并无太多出彩之处。有人说此书内容"统统是抄别人的，没有新意"，实则不然。我们刚刚讨论了《艺兰记》一书是如何反映江浙兰蕙的兴起和瓣型理论的不断普及，这可是很出彩的！我们不妨再从此书里找个例子说说作者的创见，在"种植"这章开头处有句"女子同种则香"的话，这话是先生亲口所首说，听者似乎觉得平常。但经查典故后就觉得不平常了，一册以道家思想为主，糅合着儒、道、法等家思想，称名《淮南子》的书里有"男子种兰，美而不芳"的老话，此书面世于公元25年以来的我国东汉时期，至今已有近两千年余，其中不知有多少腐儒，对此话特感兴趣，喋喋不休地说了那么多年，也有许多兰花书的作者几乎都喜欢把此话引用在自己的书里。有人还煞有介是地作解说，因女人搽有香粉脂膏，所以用她们洗过脸和手的水来浇兰，当然会特别的香。其实谁的心里都明白，此话实谬。如果照做，其兰必死。但是二千年来，腐儒们还是一直这么说："男子种兰，美而不芳。"刘公则持批判态度，于是在自己所写的《艺兰记》里，特将此话改为"（与）女子同种则香"。没有了原话中男女种兰褒贬对立的关系，提倡让男女（夫妻）一起来共同种兰花，其意境就变得和谐美好而符合实际。追溯历史，不乏有这样的夫妻，明时有大文人冒襄与董小宛、吴美兰，现代有张学良将军与赵一荻小姐，他们情深深意绵绵，兰花如注入彼此心田里的一股清流，相互间能终朝相依相守。"（与）女子同种则香"这话就是刘文淇先生的新说，他敢于冲破两千年来的旧说，给我们一个崭新的观念，这是别人都没有说过的，这该是何等的绚丽多彩啊！

　　至于"抄袭"之说，实为偏颇。实事求是地说，每个兰人莳兰的方法没有绝对自创，每册兰的著作内容也不可能与别书一点没有联系，总是要通过相互交流活动，到你处吸取经验，到他处学到某些技巧。不断借鉴，不断学习，不断改进，不断提高。你翻遍兰文化经典，可听说有哪卷经典从头至尾所述内容纯粹都是作者自己所独创的？

　　刘公为人真诚，艺兰细心专心，社会上层低层结交了许多同心的朋友，一生享受到兰花带给他的快乐，还留给后人一册宝贵的《艺兰记》专著。这正是"人兰俱化"的一种境界。我们学习他所写的《艺兰记》，定然也能给我们带来艺兰知识方面的收获和艺兰带给人生的许多快乐。